# 이 계절, 우리의 식탁

# 이 계절, 우리의 식탁

## 제철 재료로 그려내는 건강한 맛과 행복한 기억

김미진 지음

아 퍼블리싱

# Prologue

**"얘들아, 작년 여름에 우리 옥수수 껍질이랑 수염 벗겨서 해 먹었던 옥수수밥 기억나?
올해 옥수수가 또 나왔대! 이번에는 어떤 옥수수 요리를 해 먹을까?"**

**"아빠! 밥 먹고 우리가 만든 딸기 후식 줄게요. 엄청 맛있어!"**

이런 대화들이 우리집 밥상에서는 자주 오고 가곤 해요.
모두 제철 재료가 우리에게 준 추억이지요.

아이들은 즐거웠던 경험을 오래 간직해요. 설령 기억하지 못하더라도
"이 취나물밥은 너희가 작년 봄에도 너무나 잘 먹었었는데, 혹시 기억 나나 한번 먹어볼까?"
라고 얘기해 주면 시퍼런 나물이 가득한 밥도 스스럼없이 한술 뜨기도 합니다.

어린 시절, 섬마을의 친가와 강원도 산골의 외가에서 늘 접했던 제철 재료들에 대한 기억이 생생해요. 추운 날 가마솥에 삶아 김이 폴폴 나는 동죽 조개를 사촌들과 쪼그려 앉아 까먹었던 기억, 돌에 붙어 있던 굴 껍데기를 호미로 까서 굴 속살을 입에 넣자마자 느껴지던 짭조름하고 강한 바다향. 또 개울가에서 잡은 다슬기를 듬뿍 넣어 끓인 된장찌개나 밭에서 직접 따서 큰 솥에 아무 양념도 없이 삶은 옥수수의 단맛을 지금도 기억한답니다.

그런 맛의 추억들을 아이들에게 전해주고 싶어요. 지금은 현장에서 직접 체험을 하면서 제철 재료를 맛보기는 힘든 세상이지만, 재료를 함께 다듬고 조리해서 먹는 제철 요리는 아이들에게 식재료의 귀중한 맛과 더불어 따뜻한 추억을 충분히 남겨줄 수 있다고 생각해요.

음식을 사랑하는 저는 아이들에게 여러 지역과 다른 나라의 다양한 음식을 접하게 해주고 싶다는 생각을 늘 해요. 그러나 코로나가 시작된 이후 지난 2년 동안 집밥에 의존할 수밖에 없었지요. 그럼에도 불구하고 아이들이 다양한 맛을 경험할 수 있었던 것은 우리나라에서 나오는 풍부한 제철 재료들 덕이 아니었나 싶어요. 사계절이 뚜렷한 우리나라는 봄에는 나물, 여름 가을에는 채소와 과일, 겨울에는 해산물을 신선하게 즐길 수 있기에, 특정 재료가 나오는 계절을 기다리는 재미도 있지요.

제철 재료를 이용하면 부재료와 양념을 많이 쓰지 않아도 훌륭한 메뉴가 돼요. 그래서 아이들이 양념의 맛보다는 재료 자체의 맛을 알아가는 데 큰 도움이 되지요. 이는 자연스레 저염식, 건강식으로 이어질 수 있어요.

우리는 어쨌거나 매일 세끼를 먹으며 살아가고 있지요. 음식이 삶의 큰 비중을 차지하는 만큼 건강한 식생활과 즐거운 식사 시간은 우리 삶의 질을 높이는 데 중요한 역할을 하는 것은 분명한 것 같아요. 아이들과 함께 밥상을 꾸리고(대단한 도움을 주는 것이 아닐지라도요) 같은 식탁에서 좋은 음식을 먹으며 이야기를 나누는 것이 가장 가까이에 있는 행복임을 느껴요. 그래서 오늘도 힘내서 좋은 재료로 따뜻한 밥상을 차려 봅니다.

이 책을 보시는 독자분들도 맛있는 제철 음식을 드시며 가족들과 따뜻한 추억을 쌓아 가시길 바랍니다.

Thanks to_

이 책을 만드는 데 도움을 주신 모든 분들께 감사드립니다. 저에게 책을 만들 수 있는 기회를 주시고 예쁘게 편집해주신 아 퍼블리싱 안소정 대표님, 인스타그램에서 저희 가족 밥상을 응원해 주시고 좋은 말씀해 주시는 모든 분들, 늘 생동감 있는 먹방을 보여주는 저의 쌍둥이 딸 재이, 태이 그리고 가족에게도 고마움을 전합니다.

## 레시피 참고 시 CHECK!

1 재료 계량에서 1T는 계량스푼 1큰술(15ml), 1t는 계량스푼 1작은술(5ml)을 가리킵니다. 액체 재료는 넘치지 않게 뜨고, 가루나 장류는 윗면을 깎아서 계량합니다.

2 요리 분량은 4인 가족 분량(성인2인, 아이2인)이고 성인 2~3인 정도의 양입니다.

3 아이와 함께 먹는 음식이기 때문에 간은 약한 편이에요. 어른들의 경우 레시피마다 간을 맡고 있는 양념(간장, 소금 등)을 조금 추가하여 요리하셔도 좋아요.

4 각 재료를 소개하는 첫 장에 손질 요령이나 보관 팁 등을 수록했어요. 생소한 재료를 다룰 때 참고해 주세요.

5 어른들을 위한 메뉴 중 고추장은 안 매운 고추장(35쪽 참고)으로, 고춧가루는 파프리카 가루로 대체하여 요리하면 아이들과 함께 드실 수 있어요.

# Contents

# Spring
## 봄

# Summer
여름

# Autumn
## 가을

# Winter
## 겨울

### 시래기



### 굴



### 우엉



### 봄동



### 딸기



### 한라봉

# 우리집에서 쓰는 조리 도구

**계량컵, 계량스푼**

계량컵은 200ml, 계량스푼은 1큰술 15ml, 1작은술 5ml을 사용해요.

**나무 스푼, 뒤집개**

수저 모양의 주걱과 작은 뒤집개는 볶음 요리 시 자주 사용해요.

**냄비**

냄비는 대체로 스테인리스와 세라믹 코팅 냄비를 많이 사용하는 편이에요. 솥밥을 하거나 찌개를 끓여 식탁에 그대로 올릴 경우는 열 보존율이 높은 주물 냄비를 사용해요.

**팬**

팬은 코팅 팬, 주물 팬을 사용해요. 코팅 팬은 양념 없이 기름만으로 요리하는 채소 볶음이나 부침 요리를 할 때 주로 사용하고 적당한 가격의 제품을 구입하여 자주 교체해줘요. 주물 팬은 고기를 구울 때나 양념이 많은 볶음류를 할 때 주로 사용하는 편이에요.

**에어프라이어**

소량의 기름을 사용해서 굽거나 튀김 요리를 할 때 주로 이용해요. 고구마나 감자, 새우 등을 구워 먹을 때, 남은 음식을 데워 먹을 때에도 유용하게 씁니다.

**실리콘 찜망**

면포 없이도 내용물이 달라붙지 않고 세척이 용이해서 좋아요.

**실리콘 찜 용기**

전자레인지로 재료를 익힐 때 주로 사용해요.

# 우리집에서 쓰는 양념과 가루류

이 책의 레시피에 사용된 제품입니다. 꼭 같은 제품을 사용할 필요는 없으니 참고만 해주세요. 같은 제품을 사용하더라도 가족의 입맛에 따라 가감해 주세요.

**양조간장** 양조간장은 조림이나 볶음 요리 시 사용하는 양념으로 마트에서 쉽게 구입할 수 있는 제품을 주로 구입해요. 레시피에서는 '간장'으로 표기돼요.

**국간장** 국간장은 색이 옅고 감칠맛이 나기 때문에 국, 나물 요리에 사용해요. 다른 양념이 많이 들어가지 않는 국이나 나물 요리에 쓰기 때문에 신중하게 고르는 편이에요.

**액젓** 겉절이, 김치를 만들 때 주로 사용해요. 또 생채 무침이나 국물 요리에 넣어 감칠맛을 조금 더 낼 때 활용해요.

**전혀 안매운 고추장 · 전혀 안매운 칠리소스** 제가 아이들 빨간 음식에 가장 많이 활용하는 '둥이요리' 제품인 '전혀 안매운 고추장', '전혀 안매운 칠리소스'는 직접 말린 파프리카를 베이스로 만든 소스류예요. 어른들이 먹는 다양한 빨간 음식을 전혀 맵지 않게 요리할 수 있어요.

**원당** 설탕 대신 원당을 주로 사용하는 편이에요. 자연스러운 단맛이 나고 사탕수수에서 추출해 최소한의 과정만 거쳐 만들어졌기 때문에 무기질, 식이 섬유 등 영양물질이 함유되어 있어요. 단 정제 과정을 거치지 않기 때문에 되도록이면 유기농 제품을 선택하는 것이 좋아요.

**쌀조청** 액체 형태의 감미료 중에서는 조청을 가장 많이 사용하는 편이에요. 조청, 올리고당, 물엿은 단맛을 내는 동시에 음식에 윤기를 내고 점도를 잡기 위해 쓰이는데 그중 조청은 단맛은 덜하고 음식에 풍미를 더해주며 가장 되직하기 때문에 음식에 윤기를 더하기 좋아요. 이 책에서는 조청을 사용했지만 올리고당이나 물엿으로 대체하여 사용하셔도 됩니다.

**포도씨유** 팬에 음식을 조리할 때는 보통 포도씨유를 사용하고 있어요. 발연점이 높아 부침이나 튀김요리에 적절해요. 부침, 튀김용으로 알려진 콩기름, 옥수수유, 카놀라유 등은 GMO의 이슈가 있어 피하는 편이에요. 포도씨유는 이탈리아와 스페인산이 많은데, GMO에 상대적으로 관대한 스페인보다 이탈리아산을 사용하는 편이에요.

**올리브유** 샐러드 또는 소스에 넣어 생으로 먹거나 파스타, 수프 등의 조리 과정에서 재료를 볶을 때, 그리고 고기를 구울 때 주로 사용해요. 국내에 판매되는 올리브유는 '엑스트라 버진'과 '퓨어'가 있는데, 생식과 가열에 모두 적합하고 좋은 등급인 '엑스트라 버진' 올리브유를 구입해요.

**참기름 · 들기름** 참기름, 들기름은 국내산 참깨, 들깨 100%로 만들어진 제품을 구입해요.

**맛술** 주로 생선, 해산물 요리를 할 때 넣어요. 마트에서 쉽게 찾을 수 있는 제품을 구입해요.

**식초** 식초는 100% 발효식초를 사용해요. 발효식초는 음식의 유통기한을 늘려주는 천연 보존제 역할을 하기도 합니다.

**가루** 가루는 밀가루, 쌀가루, 전분 가루, 찹쌀가루, 빵가루 등을 사용하는데 모두 원재료가 국산인지 체크하고 구매하는 편이에요.

**카레** 아이들이 아직 매운맛에 익숙하지 않아서 매운맛이 전혀 없는 카레 가루를 사용해요.

# 이 책에서 사용하는 육수

레시피에서 언급하는 '육수'로는 멸치 육수를 사용합니다. 맛있게 만든 멸치 육수 하나면 다양한 양념을 쓰지 않아도 재료의 맛을 잘 살려 깊고 감칠맛 나는 음식을 만들 수 있어요. 아이들과 함께 먹는 음식의 간을 최소한으로 하기 위해서도 육수는 조리에 꼭 필요한 재료 중 하나예요. 멸치 육수는 국을 끓일 때 주로 쓰고 그 밖에 각종 조림이나 볶음 요리, 나물을 무치거나 볶을 때, 솥밥을 지을 때도 사용해요. 아래 레시피대로 만들어 쓰지 않더라도 요즘에는 육수팩 제품이 많아서 구입해서 간편하게 사용할 수 있어요.

재료

여러 번 사용할 분량
멸치 20g
다시마 15g
물 2L

1 멸치는 내장만 제거해서 마른 팬에 살짝 볶고 체로 가루를 털어낸다.

2 다시마는 물에 살짝 헹군다.

3 냄비에 재료를 모두 넣고 센 불로 끓인다.

4 끓기 시작하면 약한 불로 줄여 30분 정도 끓인다.

5 불을 끄고 10분 정도 더 우린다.

6 고운 체에 걸러 냉장 보관한다.

• 양파, 파, 마늘 등의 채소나 표고버섯 등을 추가해도 좋아요.

Spring
봄

Spring

# 취나물
## & 다양한 봄나물

봄나물은 추운 겨울이 지나고 싱그러운 봄이 왔다는 신호라 참 반가워요. 겨우내 웅크렸던 몸을 깨워주고 떨어진 입맛도 돋워주며 비타민, 미네랄 등의 영양도 가득 채워주지요. 봄나물의 대명사 취, 달래, 냉이, 쑥, 방풍나물, 두릅, 머위 등은 하나하나 독특하고 다양한 식감을 가지고 있어 어떤 요리를 할까 설레기도 합니다. 봄나물은 보통 향과 식감을 살려 최소한의 양념으로 무침 요리를 하고 솔밥, 찌개 등에 넣어 먹기도 해요. 그중 쌉싸름한 맛이 일품인 취는 나물이나 솔밥으로 주로 먹는 참취, 쌈으로 먹는 곰취가 있는데 봄철에만 야생에서 채취가 가능하기 때문에 빼놓지 않고 맛보곤 합니다.

## 취나물과 기타 봄나물 손질 & 데치기 & 보관하기

봄에 수확되어 나오는 취나물은 깨끗한 상태라 억센 줄기 부분만 다듬어 주면 돼요. 깨끗이 씻어서 끓은 물에 소금을 약간 넣고 1분 정도 살짝 데치는 것이 영양소 파괴가 덜하고 식감이 살아서 좋아요. 삶은 취나물은 지퍼팩에 물을 자작하게 부어 밀봉하면 냉동 보관해서 먹을 수 있어요.

기타 봄나물은 누런 잎을 떼어 낸 후 잎 사이사이에 묻은 흙과 잔류 농약, 나물 자체가 가진 약간의 독성을 제거하기 위해 물에 15분 이상 담갔다가 흐르는 물에 여러 번 헹궈주세요.

뿌리를 먹는 달래와 냉이의 경우 손질에 조금 더 신경을 써야 해요. 달래는 뿌리 중앙 부분의 딱딱한 돌기 같은 것을 제거하고 손으로 비벼가며 세척하고, 냉이는 뿌리와 잎 사이의 흙을 칼로 살살 긁어가면서 씻어줍니다. (*달래 레시피는 54~57쪽)

# 봄 내음 밥상

솔밥은 봄나물의 향을 은은하고 부드럽게 느낄 수 있어서 아이들도 거부감 없이 먹는 메뉴예요. 고기류나 새우, 전복 등의 해물류를 함께 넣어 지으면 따로 반찬이 필요 없는 한 그릇 메뉴가 되지요. 솔밥에 곁들이는 반찬과 국도 봄나물로 요리해서 봄 내음이 가득한 한 상을 차려보세요.

# { 취나물 솥밥 }

재료

4인 가족 분량
데친 취나물 100g
쌀 1.5컵
물 1.5컵

양념장
육수(또는 물) 1T
간장 1T
국간장 0.5T
원당 1t
참기름 1T
통깨 약간

1 쌀을 깨끗이 씻어서 1시간 정도 물에 불린 후 체에 밭쳐 둔다.

2 데친 취나물은 물기를 꼭 짜고 잘게 썬다.

3 냄비에 쌀, 잘게 썬 취나물과 물을 붓고 약한 불로 15~20분 정도 끓인다.

4 불을 끄고 5분 정도 뜸을 들인다.

- 1을 생략하고 재료를 모두 밥솥에 넣어 백미 취사로 밥을 지어도 좋아요.
- 어른들은 양념장에 고춧가루, 다진 파, 다진 마늘을 추가해서 드세요.

# { 취나물 무침 }

재료

4인 가족 분량
취나물 150g
양념
국간장 0.5T
들기름 0.5T
통깨 약간

1 취나물을 데쳐서 찬물에 가볍게 헹구고 손으로 물기를 짠다.

2 통깨를 제외한 [양념]을 넣어 무친다.

3 통깨를 갈아서 넣고 한 번 더 버무린다.

- 아이들과 함께 먹는 무침이라 다진 마늘, 다진 파는 생략했어요. 어른들은 추가로 넣으면 더 맛있게 드실 수 있어요.
- 들기름 대신 참기름을 사용해도 좋아요.

## { 유채나물 된장 무침 }

유채는 유채꽃이 피기 전인 3~4월이 제철이에요. 봄나물 치고 쓴맛이 덜하고 아삭하며 수분이 많아요. 얼핏 열무와 비슷하게 생겼지요. 유채는 국간장이나 된장, 고추장에 무쳐 먹기도 하고 새콤달콤한 소스를 곁들여 샐러드로 먹기도 해요.

재료

4인 가족 분량
유채나물 150g
양념
된장 0.5T
들기름 0.5T
통깨 약간

1 유채나물을 데쳐서 찬물에 가볍게 헹구고 손으로 물기를 짠다.

2 통깨를 제외한 [양념]을 넣어 무친다.

3 통깨를 갈아서 넣고 한 번 더 버무린다.

## { 부지깽이 고추장 무침 }

부지깽이나물은 울릉도의 특산품으로 울릉도의 취나물이라고도 불려요. 요즘은 봄철 신선한 부지깽이나물을 마트나 온라인 쇼핑몰에서 만나볼 수 있어요.

재료

4인 가족 분량
부지깽이나물 150g
양념
고추장 0.5T
들기름 0.5T
조청 0.5T
통깨 약간

1 부지깽이나물을 데쳐서 찬물에 가볍게 헹구고 손으로 물기를 짠다.

2 통깨를 제외한 [양념]을 넣어 무친다.

3 통깨를 갈아서 넣고 한 번 더 버무린다.

# { 바지락 달래 된장찌개 }

바지락은 2~4월이 제철이에요. 살이 통통히 올라 달큰하고 시원한 국물 맛을 내요. 단백질이 풍부하여 성장기 아이들에게도 좋은 식품이지요. 봄에 나는 달래, 냉이, 쑥 등과 함께 끓이면 국물 맛이 아주 좋아요.

재료

4인 가족 분량
바지락 200g
오만둥이 100g(생략 가능)
달래 30g
양파 1/4개(40~60g)
표고버섯 2개
두부 1/2모
육수 700ml

양념
된장 1T
다진 마늘 0.5t

1 바지락은 소금물에 30분 이상 해감한 뒤 깨끗이 씻고, 오만둥이는 소금을 약간 넣어 바락바락 주무른 뒤 깨끗한 물에 2~3번 헹군다.

2 달래를 3~4cm 정도 길이로 썰고 양파와 표고버섯은 채 썰고 두부는 깍둑 썬다.

3 냄비에 육수를 붓고 끓어오르면 된장을 푼다.

4 손질한 바지락과 오만둥이, 채 썬 양파, 표고버섯을 넣는다.

5 바지락이 입을 벌리면 달래, 두부, 다진 마늘을 넣고 5분 정도 더 끓여준다.

# 봄나물 소고기 버거

고기에 봄나물을 다져 넣으면 조금 더 건강한 버거를 만들 수 있어요. 아이들은 쓴맛과 향이 강한 봄나물의 매력을 그대로 즐기기 어렵기 때문에 먹기 쉬운 메뉴에 응용해 보는 것이 좋아요. 함께 만들면 즐거운 요리 활동도 될 수 있지요. 먹고 남은 나물 반찬을 다져서 넣거나 냉장고에 조금씩 남아 있는 자투리 나물들을 모아 활용해도 좋아요.

재료

버거 6개 분량
모닝빵 6개
소고기(안심, 우둔살, 다짐육) 100g
돼지고기(안심, 등심, 다짐육) 100g
봄나물(쑥, 방풍나물, 달래 등) 30g
토마토 2개
양상추 또는 꽃상추 약간
식용유 약간

패티 양념
간장 0.5T
원당 0.5t
쌀가루 1T
참기름 0.5t

1 나물을 깨끗이 씻어 물기를 털고 잘게 썬다.

2 토마토는 5mm 정도 두께로 썰고 양상추는 깨끗이 씻어 물기를 턴다.

3 소고기와 돼지고기는 칼이나 차퍼로 다진다(다짐육을 사용할 경우 생략).

4 볼에 나물과 다진 고기, [패티 양념]을 넣고 골고루 섞이도록 잘 치댄다.

5 동글납작하게 모양을 잡고 식용유를 약간 두른 팬에 약한 불로 노릇하게 굽는다.

6 반으로 가른 모닝빵 사이에 5와 얇게 썬 토마토, 양상추를 넣는다.

- 기호에 따라 마요네즈 또는 케첩, 칠리소스, 홀그레인 머스터드 등을 소스로 사용해 보세요.
- 구운 패티에 소스를 곁들여 미트볼이나 떡갈비, 함박 스테이크로 먹어도 좋아요.
- 소고기 또는 돼지고기만으로 만들어도 좋아요.

# 쑥 감자 수프

쑥은 봄을 알리는 대표적인 봄나물이지요. 독특한 향이 강해서 고온으로 오래 조리해도 그 향이 그대로 살아 있기 때문에 떡이나 제과용으로 많이 쓰여요. 향이 강한 편이긴 하지만 생각보다 호불호가 강한 채소는 아니라 솥밥부터 전, 튀김, 국 등 다양하게 이용해요. 고소한 감자 수프에도 봄의 쑥 내음이 꽤나 잘 어울린답니다.

재료

4인 가족 분량
감자 2개(300g 내외)
쑥 30g
양파 1/2개(100~120g)
육수 200ml
우유 300ml
올리브유(또는 버터) 약간
소금 약간
후추 약간

1 감자를 삶거나 전자레인지에 4~5분 정도 익힌 후 껍질을 벗긴다.

2 쑥은 끓는 물에 1분 정도 데친 후 찬물에 가볍게 헹궈 물기를 꼭 짠다.

3 양파는 채 썬다.

4 냄비에 올리브유(또는 버터)를 약간 두르고 채 썬 양파를 중간 불로 노르스름하게 볶는다.

5 믹서기에 감자, 쑥, 양파와 육수를 넣어 갈아준다.

6 냄비에 5와 우유를 붓고 10분 정도 약한 불로 뭉근히 끓인다.

7 소금, 후추로 간한다.

8 그릇에 담고 기호에 따라 크루통, 파마산 또는 그라나파다노 치즈 가루, 파슬리 가루 등을 올린다.

Spring

# 달래

비타민, 미네랄이 풍부한 달래는 봄철 입맛을 돋우는 독특한 맛을 지녔어요. 달래는 생으로 먹었을 때 온전한 향을 느낄 수 있고 비타민 C의 파괴 없이 섭취할 수 있어요.

# 달래 아보카도 비빔밥

달콤 짭짤하게 무친 달래는 언제 먹어도 밥도둑이에요. 여기에 잘 익은 아보카도를 넣으면 고소함이 비빔밥의 맛을 더 풍성하게 해요. 입맛 잃기 쉬운 봄철 간단하고 건강하게 한 그릇 비울 수 있는 메뉴지요.

재료

4인 가족 분량

밥 3~4공기(500g 내외)
달래 70g
아보카도 1.5개
달걀 3~4개

양념

간장 2t
액젓 1t
원당 2t
고춧가루 2t (생략 가능)
참기름 약간
통깨 약간

1 달래를 깨끗이 손질하여 적당한 크기로 썬다(달래 손질은 45쪽 참고).

2 볼에 달래와 [양념]을 넣어 무친다.

3 잘 익은 아보카도는 껍질을 벗겨 썰고 달걀 프라이를 만든다.

4 그릇에 밥, 달래 무침, 아보카도, 달걀 프라이를 올린다.

# 달래 달걀 샌드위치

집에서도 쉽게 만들어 먹을 수 있는 달걀 샐러드에 알싸하고 톡 쏘는 달래를 다져 넣어 향긋한 봄의 맛을 느껴보세요.

| 재료 | 4인 가족 분량 | 양념 |
|---|---|---|
| | 식빵 8장 | 마요네즈 1T |
| | 달걀 5개 | 꿀 0.5T |
| | 달래 20g | 소금 약간 |
| | | 후추 약간 |

1 달걀을 냄비에 넣고 10분 정도 삶는다.

2 달래는 깨끗이 씻어 잘게 썬다 (달래 손질은 45쪽 참고).

3 볼에 삶은 달걀과 달래, [양념]을 넣고 달걀을 으깨면서 섞는다.

4 식빵 2장 사이에 3을 넣어 샌드위치를 만든다.

• 어른용에는 홀그레인 머스터드를 추가하면 더 맛있어요.

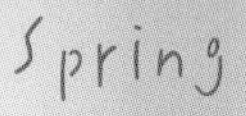

# 두릅

두릅은 봄철 꼭 맛봐야 하는 채소 중 하나예요. 봄에 먹는 두릅에는 땅에서 돋아나는 새순을 파서 잘라낸 땅두릅, 두릅나무에 달린 새순인 참두릅, 엄나무에서 자라는 새순인 개두릅이 있어요. 개두릅은 씁쓸한 맛과 향이 더 강해요. 두릅은 향을 그대로 느낄 수 있으면서 조리도 간단한 숙회로 많이 먹곤 해요.

## 두릅 손질 & 보관하기

- 두릅은 줄기에 가시가 있을 수 있어요. 삶으면 물러져서 어른들이 먹기에는 괜찮지만 아이들과 함께 먹을 때는 두릅을 세워서 들고 칼로 살살 긁어내듯 가시를 제거해 주세요. 두릅은 식감과 향을 살리기 위해 2분 이내로 데쳐요. 끓는 물에 넣어 줄기가 살짝 물렁해지면 바로 건져 찬물에 가볍게 헹구고 물기를 꼭 짜요.
- 데치지 않은 생 두릅은 신문지에 돌돌 말아 냉장 보관해요. 데친 두릅은 물을 자작하게 넣고 밀봉하여 냉동 보관하면 신선하게 먹을 수 있어요.

# 두릅 소고기 주먹밥

두릅은 소고기와 함께 요리하면 좋아요. 두릅의 비타민이 소고기의 부족한 영양을 채워주지요. 소고기 말이나 꼬치, 소고기 두릅전도 좋고, 밥에 잘게 썬 두릅을 섞고 구운 소고기를 올린 이 주먹밥은 아이들이 특히 좋아해요.

| 재료 | 4인 가족 분량 | 소고기 재우는 양념 | 소스 |
|---|---|---|---|
| | 밥 3~4공기(500g 내외) | 올리브유 약간 | 간장 2T |
| | 소고기(구이용) 300g | 소금 약간 | 원당 2T |
| | 두릅 4개 | 후추 약간 | 맛술 1T |
| | 올리브유 약간 | | 물 2T |
| | 참기름 약간 | | |
| | 소금 약간(두릅 데치는 용) | | |

1 두릅은 끓는 물에 소금을 약간 넣고 2분 이내로 데친 뒤, 찬물에 헹궈 물기를 꼭 짠 후 잘게 썬다.

2 소고기는 키친타월로 핏물을 제거한 뒤 [소고기 재우는 양념]에 재워 실온에서 30분 정도 숙성한다.

3 팬에 올리브유를 약간 두르고, 재워 둔 소고기를 앞뒤로 노릇하게 중간 불로 굽는다.

4 구운 소고기를 그릇에 옮기고 뚜껑을 덮어 10분 정도 둔다(육즙을 가두고 육질을 부드럽게 하는 '레스팅Resting' 과정).

5 볼에 밥과 잘게 썬 두릅, 참기름을 섞어 동그랗게 주먹밥을 만든다.

6 팬에 [소스]재료를 모두 넣고 바글바글 끓여 걸쭉한 소스를 만든다.

7 레스팅한 소고기를 얇게 썰어 주먹밥 위에 올린다.

8 6의 소스를 바른다.

• [소스]와 함께 볶은 소고기 다짐육과 데쳐서 잘게 썬 두릅을 밥에 섞어 간편하게 주먹밥을 만들어도 좋아요.

# 두릅 새송이 떡꼬치

쫄깃한 식감을 가진 두릅과 새송이버섯, 그리고 떡은 함께 꼬치에 꽂아 구우면 씹는 맛이 아주 좋아요. 쌀가루와 달걀물을 입혀 구우면 고소한 맛의 두릅 꼬치전이 되고, 고추장 소스를 바르면 밥반찬으로도 좋아요.

| 재료 | 꼬치전 4개 +고추장 구이 4개 분량 | 꼬치전 부재료 | 고추장 구이 양념 |
|---|---|---|---|
| | 두릅 4개 | 쌀가루 2T | 고추장 1T |
| | 새송이버섯 2개 | 달걀 1개 | 조청 0.5T |
| | 떡볶이 떡 8개 | 식용유 약간 | 맛술 0.5T |
| | 식용유 약간 | | 참기름 0.5T |
| | 소금 약간(두릅 데치는 용) | | 물 1T |

1 두릅은 끓는 물에 소금을 약간 넣고 2분 이내로 데치고, 떡은 30초 정도 데친다.

2 새송이버섯과 데친 두릅은 떡과 비슷한 길이로 썬다.

3 꼬치에 새송이버섯, 두릅, 떡을 번갈아 가며 끼운다.

4 3의 반은 쌀가루, 달걀물을 순서대로 묻혀 식용유를 약간 두른 팬에 노릇하게 굽는다.

5 그릇에 [고추장 구이 양념]을 모두 섞는다.

6 3의 나머지 반은 식용유를 약간 두른 팬에 노릇하게 굽는다.

7 5의 양념을 발라가며 타지 않게 조금 더 굽는다.

Spring

# 관자

관자는 조개가 껍데기를 여닫는 데 쓰는 근육이에요. 우리가 관자라고 부르는 것은 키조개의 관자로, 크기가 크기 때문에 따로 분리해서 식재료로 쓰여요. 키조개의 제철인 4~5월, 관자는 특히 영양이 풍부하고 맛이 좋아요. 관자는 물에 깨끗이 씻어 결과 수직 방향으로 얇게 저미면 부드럽게 먹을 수 있어요. 슬라이스 생물 관자를 구입하면 더 편리해요.

# 관자 미역국

관자로 만든 국물 요리는 단맛이 나고 시원하지요. 육수에 관자와 미역을 넣고 푹 끓여주면 원재료 맛을 그대로 느낄 수 있는 깔끔한 미역국이 완성돼요.

재료

4인 가족 2~3회 분량
관자 200g
마른 미역 30g
육수 1.5L
국간장 1T

1 미역을 찬물에 30분 정도 불린 후 흐르는 물에 박박 주물러가며 씻는다.

2 씻은 미역은 체에 밭쳐 물기를 제거하고 먹기 좋게 썰어 둔다.

3 관자는 흐르는 물에 가볍게 씻고 결과 수직 방향으로 썰어준다(슬라이스 관자를 사용할 경우 생략).

4 냄비에 육수를 넣고, 끓으면 미역과 관자를 넣는다.

5 끓기 시작하면 약한 불로 줄이고 40분 정도 더 끓인다.

6 국간장을 넣어 간한다.

• 기호에 따라 액젓을 넣어 간을 해도 좋아요.

# 관자 소고기 샌드구이

관자와 소고기는 표고버섯과 함께 구워 삼합으로도 먹는 꿀조합이지요. 소고기에서 나오는 육즙과 기름에 관자가 부드럽게 익혀져 아이들도 함께 먹기 좋아요. 손님 초대 음식이나 어른들의 술안주로도 좋은 메뉴예요.

**재료**

4인 가족 분량
- 관자 400g
- 소고기(안심, 우둔살, 다짐육) 150g
- 양파 20g
- 식용유 약간

소고기 양념
- 간장 0.5T
- 원당 0.5T
- 찹쌀가루 0.5T

1 소고기와 양파를 잘게 다진다(다짐육을 사용할 경우 소고기 다지기는 생략).

2 볼에 1과 [소고기 양념]을 넣고 재료들이 잘 섞이도록 충분히 치댄다.

3 관자는 깨끗이 씻어 키친타월로 물기를 제거한다.

4 관자는 아랫부분을 살짝 남기고 반으로 가른다.

5 관자를 반으로 갈라 2를 채워 넣는다.

6 팬에 식용유를 약간 두르고 5를 굴려가며 모든 면을 골고루 노릇하게 굽는다.

# 관자 그린빈 덮밥

그린빈은 콩이 들어 있는 긴 콩깍지 그대로 먹는 채소로, 줄기콩이라고도 불려요. 아삭한 식감이 좋고 오래 볶으면 줄기가 부드러워져 아이들이 먹기에도 좋아요. 쫄깃한 관자와 아삭한 식감의 그린빈을 생강 향이 은은한 된장소스에 볶아 따뜻한 밥에 올려 드셔 보세요.

재료

4인 가족 분량
- 관자 400g
- 그린빈 200g
- 대파 흰 부분 약간(고명용)
- 식용유(또는 버터) 약간
- 통깨 약간

양념
- 된장 2T
- 맛술 2T
- 생강청 1.5T
- 다진 마늘 2t

1 관자와 그린빈을 깨끗이 씻어 키친타월로 물기를 제거한다.

2 대파 흰 부분을 얇게 채 썰어 찬물에 담가 둔다.

3 그릇에 [양념]을 모두 섞어 놓는다.

4 팬에 식용유(또는 버터)를 약간 두르고 관자와 그린빈을 굽는다.

5 관자가 노르스름해지면 섞어둔 [양념]을 넣어 볶는다.

6 그릇에 밥을 담고 5를 올린다.

7 2의 대파 물기를 제거하고 통깨와 함께 올린다.

- 밥 대신 파스타면을 넣어 볶아줘도 좋아요.
- 아이와 함께 먹으려면 관자와 그린빈을 먹기 좋은 크기로 썰어서 조리해 주세요.

# 더덕

더덕은 1~4월이 제철이에요. 더덕은 다량의 사포닌을 함유하고 있어 기관지에 좋아요. 봄철 미세먼지와 꽃가루, 건조한 날씨에 기관지 건강을 지키기 좋은 재료지요. 더덕을 고를 때는 뿌리가 굵고 곧으며 잔뿌리가 많지 않은 것이 좋아요. 흙이 묻은 채로 신문지에 싸서 냉장고에 보관하면 신선도가 유지돼요.

더덕은 껍질을 돌려가며 벗겨요. 더덕의 수분이 마를수록 잘 벗겨져요. 신선하고 아삭한 더덕은 힘을 최대한 빼고 필러로 살살 긁어주듯이 밀어주면 조금 더 편해요.

# 더덕 닭구이 & 더덕 세발나물 샐러드

더덕은 섬유질이 풍부해서 식감이 아삭아삭해요. 부드러운 닭다리살과 함께 구우면 씹는 재미를 더해 주지요. 두 식재료 모두 달콤 짭짤한 간장 양념과 아주 잘 어울려요. 또 찬 성질의 더덕은 따뜻한 성질의 닭고기와 함께 먹으면 영양적으로도 이롭지요.

더덕은 모양이나 성분이 유사한 인삼, 도라지보다 쓴맛이 덜하고 아삭해서 생채로 즐기기 좋아요. 겨울~봄이 제철인 세발나물을 함께 넣은 더덕 샐러드는 향긋해서 고기 요리와 잘 어울린답니다. 세발나물은 영양 부추와 유사한 모습이지만 좀 더 부드럽고, 간척지에서 자라기 때문에 자체에 살짝 짠맛이 있어 매력적인 나물이에요. 달콤한 배와 오미자청을 더해 새콤달콤한 샐러드를 즐겨 보세요.

# { 더덕 닭구이 }

**재료**

4인 가족 분량
닭다리살 600g
더덕 5~6뿌리(100~120g)
식용유 약간
잣가루 1t(또는 통깨 약간)

양념
간장 2T
원당 1T
조청 1T
맛술 1T
다진 마늘 2t
생강가루 약간
후추 약간

1 더덕의 껍질을 까고 반으로 가른 뒤, 안쪽 면이 위로 오게 놓고 밀대로 밀어준다(또는 밀대나 칼의 손잡이로 살살 두드려준다).

2 닭다리살은 깨끗이 씻어 체에 밭쳐 둔다.

3 팬에 식용유를 약간 두르고 손질한 더덕을 약한 불로 굽는다.

4 더덕이 노르스름해지면 접시에 꺼내 놓는다.

5 닭다리살은 키친타월로 물기를 한 번 더 제거한 후 중간 불로 노릇하게 굽는다.

6 약한 불로 줄인 후, 구워 둔 더덕과 [양념] 재료를 모두 섞은 것을 넣고 졸인다.

7 접시에 담아 잣가루 또는 통깨를 뿌린다.

- 간장 2T 대신 고추장 1.5T, 간장 0.5T를 넣으면 고추장 더덕 닭구이가 돼요.
- 더덕을 밀거나 두드리는 것은 식감을 부드럽게 하고 양념이 잘 배게 하기 위해서인데, 이때 자른 안쪽 면을 위로 향하게 놓고 밀어줘야 부서지지 않아요.

# { 더덕 세발나물 샐러드 }

재료

4인 가족 분량

더덕 3~4뿌리(60~80g)
세발나물 30g
배 1/4개
석류 약간(생략 가능)

드레싱

오미자청(또는 레몬청, 매실청) 1.5T
식초 2t
올리브유 1t

1 더덕과 배는 껍질을 벗기고 채 썬다.

2 세발나물은 깨끗이 씻어 물기를 털고 적당한 길이로 썬다.

3 볼에 더덕, 배, 세발나물, [드레싱] 재료를 넣어 살살 버무린다.

4 그릇에 담고 석류를 올려준다.

# 더덕 떡갈비

더덕은 칼륨과 철분, 칼슘, 인 등 무기질이 풍부한 알칼리성 식품이기 때문에 육류와 함께 섭취하면 좋아요. 달콤한 떡갈비에 더덕의 은은한 향을 더해 맛도 건강도 지켜 보세요.

| 재료 | 4인 가족 분량 (8개 정도 분량) | 양념 |
|---|---|---|
| | 소고기(안심, 우둔살, 다짐육) 300g | 간장 1T |
| | 더덕 2~3뿌리(50~60g) | 원당 1T |
| | 대파 10g | 맛술 1t |
| | 식용유(또는 오일 스프레이) 약간 | 찹쌀가루 1T |
| | 참기름 약간 | 후추 약간 |

1 소고기와 더덕, 대파를 잘게 다진다(다짐육을 사용할 경우 소고기 다지기 생략).

2 볼에 1과 [양념]을 넣고 재료들이 잘 섞이도록 충분히 치댄다.

3 지름 5cm 정도의 크기로 동글납작하게 빚는다.

4 에어프라이어에 3을 넣고 표면에 식용유를 살짝 발라준다(또는 오일 스프레이를 뿌린다).

5 180도에 10분, 뒤집어서 5분 정도 굽는다.

6 구운 후 겉면에 참기름을 발라준다.

- 떡갈비는 다짐육을 이용해도 좋지만, 덩어리 고기를 칼이나 차퍼로 다져서 만들면 육즙이 더 많고 부드러워요.
- 더덕 대신 도라지나 연근, 우엉 등 다양한 뿌리채소를 활용해 보세요.
- 팬에 구울 때는 식용유를 두르고 물을 조금 넣어 뚜껑을 닫고 익히면 부드러워요.

# 마늘종

마늘은 우리 식탁에 거의 매일 오르는 영양가 높은 식품이지요. 5~6월에 많이 나오는 마늘종은 마늘 꽃의 줄기 부분으로 마늘만큼 풍부한 비타민과 식이 섬유를 가지고 있어요. 그렇지만 맛은 마늘보다 달고 매운맛이 덜해서 아이들과 함께 먹기 아주 좋아요.

# 마늘종 떡볶이 & 크로켓

부드럽게 익은 떡볶이 속 마늘종은 떡보다 더 인기예요. 알싸한 향이 배어들어 국물까지 맛있답니다. 아이들 밥반찬으로도 좋아요. 바삭하고 달콤한 마늘종 크로켓과 함께 즐겨 보세요.

# { 마늘종 떡볶이 }

재료

| 4인 가족 분량 | 양념 |
|---|---|
| 마늘종 150g | 고추장 2T |
| 떡볶이 떡 400g | 고춧가루 1.5T |
| 어묵 2장(100g) | 간장 2t |
| 육수 400ml | 조청 1T |
| 식용유 약간 | 원당 0.5T |

1 마늘종을 깨끗이 씻어 떡과 비슷한 길이로 썰고 어묵은 먹기 좋은 크기로 썬다.

2 떡과 어묵은 깨끗이 씻어 체에 밭쳐 둔다.

3 팬에 식용유를 약간 두르고 고추장을 약한 불로 볶는다.

4 육수를 붓고 떡, 어묵, 마늘종을 넣는다.

5 고추장을 제외한 나머지 [양념]을 넣어 마늘종이 부드럽게 익을 때까지 약한 불로 끓인다.

- 떡과 어묵은 따뜻한 물로 씻으면 좋아요. 떡은 말랑해지고 어묵은 기름기가 씻겨져요.
- 고추장은 안 매운 고추장(35쪽 참고)으로, 고춧가루는 파프리카 가루로 대체하면 아이와도 함께 먹기 좋아요.

# { 마늘종 크로켓 }

재료

4인 가족 분량
마늘종 300g
밀가루 4T
달걀 2개
빵가루 300ml
파마산(또는 그라나파다노) 치즈 가루 2T
오일 스프레이

1 마늘종을 적당한 크기로 썰고 물에 씻어 물기를 턴다.

2 볼에 달걀을 잘 풀어 달걀물을 만든다.

3 접시에 빵가루와 파마산 또는 그라나파다노 치즈 가루를 섞어 둔다.

4 마늘종에 밀가루, 2, 3을 순서대로 묻힌다.

5 4에 오일 스프레이를 뿌리고 에어프라이어 180도에서 표면이 노릇해질 때까지 10분 정도 굽는다.

# 마늘종 드라이카레

마늘종에 카레 가루를 넣어 볶은 후 고슬하게 지은 밥 위에 올리면 간단하고 건강한 한 그릇 요리가 돼요. 카레는 어떤 재료를 넣느냐에 따라 다른 맛을 내요. 마늘종은 섬유질이 풍부하고 단맛이 많아 씹는 맛이 좋은 채소 중 하나예요. 촉촉한 카레와는 또 다른 드라이카레의 매력을 느껴 보세요.

재료

4인 가족 분량

- 마늘종 150g
- 돼지고기 또는 소고기(다짐육) 300g
- 양파 1/2개(100~120g)
- 식용유 약간

양념

- 카레 가루 1.5T
- 물 5T

1 마늘종과 양파를 깨끗이 씻고 잘게 썬다.

2 팬에 식용유를 약간 두르고 중간 불로 양파를 볶는다.

3 양파가 투명해지면 고기를 넣어 볶는다.

4 고기가 익으면 마늘종을 넣어 볶는다.

5 마늘종이 익으면 [양념]을 넣어 약한 불로 볶는다.

6 접시에 밥을 담고 5를 올린다.

- 달걀 노른자를 올려 비벼 먹으면 고소하고 부드러워요.
- 마늘종이 익을 때까지 물을 조금씩 더해가며 볶아 주세요.

# 마늘종 토마토 살사

토마토 살사는 간단하고 여러 가지 메뉴에 곁들이기 좋아서 자주 해 먹는 소스예요. 마늘종은 데치면 매운맛이 빠지고 단맛이 많아져요. 특유의 씹는 맛도 재미를 주고요. 빵과 고기, 생선 요리에 마늘종의 달달함을 더한 살사를 올려 드셔 보세요.

재료

4인 가족 분량
- 마늘종 80g
- 토마토 1개
- 빨간 파프리카 50g
- 노란 파프리카 50g
- 적양파 50g

소스
- 화이트 발사믹식초 2T
- 올리브유 1T
- 소금 약간
- 후추 약간

1 마늘종을 적당한 크기로 썰어 끓는 물에 2분 정도 데친다.

2 토마토, 파프리카, 적양파는 잘게 썬다.

3 2의 잘게 썬 적양파는 찬물에 담가 매운맛을 제거한다(생략 가능).

4 1의 데친 마늘종은 잘게 썬다.

5 볼에 모든 재료를 담고 [소스]를 넣어 버무린다.

- 빵에 올려 브루스케타로 즐길 수 있고, 나초와도 잘 어울려요.
- 생선가스, 돈가스 등 각종 튀김류와 곁들여도 좋아요.
- 기호에 따라 고수, 캔 옥수수 등을 추가해서 드세요.

Spring

# 주꾸미

봄철을 대표하는 수산물, 주꾸미는 산란기인 3~5월에 가장 영양이 풍부하고 알이 꽉 차 있어요. 피로 해소에 도움을 주는 타우린 성분이 함유되어 있어 춘곤증이 오는 봄철에 섭취하기 좋은 식품이지요.

# 주꾸미 볶음

주꾸미는 탕이나 볶음, 샤브샤브 등으로 다양하게 즐기는데 특히 매콤하게 볶은 주꾸미는 봄철 입맛을 돋워줘요. 나트륨이나 당류 섭취가 비교적 높은 볶음류는 봄나물과 함께 먹으면 강한 양념 맛도 중화되고 비타민과 무기질을 함께 섭취할 수 있어서 좋아요.

## 주꾸미 손질하기

주꾸미는 몸통을 가위로 잘라 내장을 손으로 떼어 내고, 입은 엄지로 꾹 눌러 제거한다. 볼에 밀가루를 약간 넣어 주물러가며 이물질을 제거하고 흐르는 물에 깨끗이 씻는다.

재료

| 어른 2인 기준 | 양념 |
| --- | --- |
| 주꾸미 500g | 고춧가루 2T |
| 양파 1/4개(40~60g) | 고추장 1T |
| 쪽파 20g | 간장 2t |
| 홍고추 10g | 원당 2t |
| 식용유 약간 | 다진 마늘 2t |
| 참기름 약간 | |
| 통깨 약간 | |

1 주꾸미를 손질해서 적당한 크기로 썬다.

2 양파는 채 썰고, 쪽파는 양파와 비슷한 길이로 썰고, 홍고추는 어슷하게 썬다.

3 그릇에 [양념]을 넣어 섞는다.

4 팬에 식용유를 약간 두르고 손질한 주꾸미와 2, [양념]을 넣어 강한 불로 빠르게 볶는다.

5 채소가 숨이 죽기 전에 불을 끄고 참기름과 통깨를 뿌려준다.

- 주꾸미 다리 부분이 오므라들어 익었을 때 바로 불을 끄고 팬에서 꺼내야 탱탱한 주꾸미의 맛을 느낄 수 있어요.

▼ 매콤한 주꾸미 볶음과 어울리는 곰취를 함께 차린 상이에요. 취나물의 한 종류인 곰취는 잎사귀가 넓어서 쌈으로 먹기에 적당해요. 곰취는 생으로 쌈무과 함께 주꾸미에 싸 먹어도 맛있고, 살짝 데쳐서 밥을 넣고 말아 쌈밥으로 즐겨도 좋지요. 아이들을 위한 달래 김 주먹밥은 달래를 잘게 썰고 김 가루, 참기름, 통깨를 넣어 만들었어요.

# 주꾸미탕

생물 구입이 가능한 봄철 주꾸미는 알과 내장까지 모두 먹을 수 있어서 좋아요. 알과 내장을 넣은 주꾸미탕은 시원하고 고소해요. 또 국물에 주꾸미의 좋은 성분이 녹아 있어 모든 영양분을 온전히 섭취할 수 있지요. 봄철 미나리도 함께 넣어 시원하게 드셔 보세요.

재료

4인 가족 분량
주꾸미 600g
배춧잎 5~6장
양파 1/2개(100~120g)
미나리 40g
느타리 또는 팽이버섯 100g
두부 1/2모
육수 1L

양념
국간장 1T
다진 마늘 1t

1 배추는 3cm 정도 크기로 썰고, 양파는 채 썰고, 미나리는 양파 길이대로 썬다.

2 버섯은 가닥가닥 찢고, 두부는 깍둑 썬다.

3 냄비에 육수를 붓고 끓어오르면 손질한 주꾸미 몸통 부분을 먼저 넣어 익힌다.

4 3이 익으면 손질한 배추, 양파, 버섯을 넣는다.

5 배추가 부드럽게 익으면 주꾸미 다리 부분과 미나리, 두부, [양념]을 넣어 한소끔 더 끓인다.

- 주꾸미 몸통의 알과 내장은 완전히 익혀 먹어야 해요.
- 몸통 속 먹물은 국물의 색을 탁하게 할 수 있어요. 맑게 끓이려면 몸통을 따로 삶아 꺼내두고 마지막에 넣으면 됩니다.

▲ 달래 간장과 김, 건새우를 넣은 세발나물전을 함께 차리고 후식으로 3~5월이 제철인 대저 토마토를 곁들였어요.

# 주꾸미 바지락 빠에야

빠에야는 팬에 고기나 해산물, 채소를 넣어 볶다가 쌀과 물을 넣어 익힌 스페인 요리예요. 샤프란이라는 향신료가 들어가 노란색을 띠지요. 저는 샤프란 대신 구하기 쉬운 카레 가루를 넣었어요. 토마토와 다양한 채소를 넣어 영양가도 좋고 촉촉하게 익은 쌀이 부드러워서 아이들도 잘 먹어요. 제철 주꾸미와 바지락을 넣어 바다향 물씬 나는 빠에야를 즐겨 보세요.

재료

4인 가족 분량

- 쌀 1.5컵
- 주꾸미 500g
- 바지락 200g
- 토마토 3개
- 양파 1/2개(100~120g)
- 파프리카 80g
- 양송이버섯 3개
- 셀러리 40g(생략 가능)
- 다진 마늘 1T
- 카레 가루 1T
- 올리브유 약간
- 물 150mL

1. 쌀 1.5컵을 깨끗이 씻어서 1시간 정도 물에 불린 후 체에 밭쳐 둔다.
2. 주꾸미를 손질하고 바지락은 소금물에 30분 이상 해감한 뒤 깨끗이 씻는다.
3. 토마토는 아래쪽을 십자로 자르고 끓는 물에 2분 정도 데쳐 껍질을 벗겨내 잘게 썬다.
4. 양파와 파프리카, 셀러리는 잘게 썰고, 양송이버섯은 편으로 썬다.
5. 팬에 올리브유를 약간 두르고 잘게 썬 양파와 다진 마늘을 중간 불로 볶는다.
6. 양파와 마늘이 노르스름해지면 손질해 둔 주꾸미와 바지락을 넣어 볶는다.
7. 주꾸미가 동그랗게 오므라들고 바지락이 입을 벌리면 그릇에 건져 둔다.
8. 주꾸미와 바지락을 건져낸 팬에 그대로 토마토, 파프리카, 셀러리, 쌀, 카레 가루를 넣어 1분 정도 볶는다.
9. 물 150ml와 양송이버섯을 넣고 뚜껑을 덮어 밥을 짓듯 약한 불로 15분 정도 익힌다.
10. 불을 끄고 볶아 둔 주꾸미와 바지락을 넣고 뚜껑을 덮어 5분 정도 뜸을 들인다.

# 비트

'빨간 무' 라고 불리는 비트는 보통 즙이나 주스로 많이 먹는 채소예요. 또 건조해서 가루를 내어 음식에 색을 내는 용도로도 쓰이지요. 같은 뿌리채소인 당근처럼 단단하고 단맛이 느껴지지만 흙 맛이 조금 느껴지기도 해요. 하나 구입하면 생각보다 큰 크기라 금방 다 먹기가 쉽지 않은데, 여러 요리에 활용해서 다양한 맛으로 즐겨 보세요.

# 비트 크림우동

비트의 핑크빛은 봄 느낌 물씬 나는 화사한 밥상을 만들어 주고 아이들의 호기심을 자극해요. 예쁜 색감에 기분 전환이 되는 메뉴예요. 크림소스는 우유를 베이스로 만들었지만 생크림을 조금 추가하면 더 부드럽고 녹진한 맛을 낼 수 있어요. 우동면 대신 파스타면, 떡국 떡을 이용해도 좋고, 베이컨이나 새우 등 해산물을 부재료로 넣어도 좋아요.

재료

4인 가족 분량
- 우동면 3인분(600~700g)
- 비트 180g
- 양파 1/2개(100~120g)
- 육수 300ml
- 우유 200ml
- 치즈 3장
- 올리브유(또는 버터) 약간
- 소금 약간
- 후추 약간

1 비트는 껍질을 벗기고 적당한 크기로 썰어 전자레인지로 3분 정도 익힌다.

2 양파는 채 썬다.

3 팬에 올리브유(또는 버터)를 약간 넣고 채 썬 양파와 익힌 비트를 양파가 투명하게 익을 때까지 약한 불로 볶는다.

4 우동면을 삶아서 체에 밭쳐 둔다.

5 믹서기에 3과 육수를 넣고 갈아준다.

6 팬에 5와 우유를 넣고 끓이다가 우동면과 치즈를 넣어 걸쭉하게 졸인다.

7 소금과 후추로 간한다.

- 과정 6에서 팬에 새우나 베이컨 등의 부재료를 볶은 후 4와 우유, 나머지 재료들을 넣어 끓이면 더욱 맛있어요.

# 비트 렐리쉬

렐리쉬는 과일이나 채소를 잘게 썰어 걸쭉하게 졸인 뒤 차게 식혀 고기나 빵, 치즈 등에 올려 먹는 음식이에요. 한번 만들어 두면 1~2주 정도는 냉장 보관하며 먹을 수 있어요.

재료
여러 번 먹을 분량(약 500g)
비트 300g
사과 150g
양파 1/2개(100~120g)
원당 50g
화이트 발사믹식초 50ml

1 비트, 사과, 양파를 깨끗이 씻어 껍질을 벗긴 후 채 썬다.

2 냄비에 1과 원당, 화이트 발사믹식초를 넣고 중간 불로 끓인다.

3 끓기 시작하면 약한 불로 줄이고 타지 않게 가끔 저어가며 40분 정도 졸인다.

4 국물이 졸아들면 한 김 식힌 후 소독한 병에 담아 냉장 보관한다.

5 고기류, 빵류, 과자류, 치즈류 위에 올려 먹는다.

# Summer
# 여름

Summer

# 감자

감자는 하우스 재배와 저장 기술의 발전으로 언제든 쉽게 구입할 수 있는 친근한 채소지요. 하지만 감자의 제철인 6~9월에는 더욱 포슬포슬하고 단맛 나는 감자를 먹을 수 있어요. 감자는 햇빛을 보면 껍질이 퍼렇게 변하고 쉽게 싹을 틔울 수 있어요. 이렇게 변한 감자는 아린 맛이 강하고, 싹에는 솔라닌이라는 독성 물질이 들어 있어서 유의해야 해요. 감자는 어둡고 서늘한 습기 없는 곳에 보관하는 것이 좋고 사과를 함께 보관하면 신선도를 조금 더 오래 유지할 수 있어요.

# 뇨끼

감자 요리 중 우리나라에 '옹심이'가 있다면 이탈리아에는 '뇨끼'가 있어요.
옹심이는 감자를 생으로 반죽하여 식감이 쫀득하고, 뇨끼는 삶아서 반죽하기 때문에 조금 더 부드러워요.

재료

4인 가족 분량

뇨끼 반죽
감자 3개(400g 내외)
전분 가루 180g
달걀 1개

크림소스
양파 1/2개(100~120g)
다진 마늘 1t
우유 150g
생크림 120g
슬라이스 치즈 2장
블루 치즈 약간(생략 가능)
올리브유 약간

1 감자를 깨끗이 씻어 껍질을 벗기고 전자레인지에 5~6분 정도 찐다.

2 찐 감자는 볼에 담아 곱게 으깬다.

3 으깬 감자가 식으면 전분 가루와 달걀을 넣고 반죽한다.

4 반죽을 적당한 크기로 떼어 내 뭉쳐서 모양을 낸다.

5 끓는 물에 4를 넣고 떠오르면 건진다.

6 소스를 만들기 위해 양파를 채 썬다.

7 올리브유를 약간 두른 팬에 채 썬 양파, 다진 마늘을 넣어 양파가 노릇해질 때까지 볶는다.

8 우유와 생크림을 더해 끓이다가 치즈와 삶아 둔 뇨끼를 넣어 걸쭉하게 끓인다.

9 소금, 후추로 간한다.

- 쫄깃한 식감을 좋아해서 전분 가루로 반죽을 해요. 전분 대신 밀가루를 넣으면 좀 더 부드러워요.
- 기름 두른 팬에 삶은 뇨끼를 한 번 구워주면 겉바속촉의 뇨끼가 돼요.
- 크림소스에 양송이버섯, 베이컨, 새우 등을 추가해도 좋아요.
- 크림소스 말고도 토마토, 바질 페스토, 알리오 올리오 소스 등 다양한 소스로 즐겨 보세요.

# 감자 토마토 카레

집에서 간단한 재료로 만드는 카레예요. 양파와 토마토로 감칠맛을 내고 감자는 익힌 후 으깨서 넣어 부드럽고 좀 더 걸쭉해요. 그린빈을 넣어 씹는 맛과 파릇한 색감을 더했어요.

재료 | 4인 가족 분량
감자 2개(300g 내외)
양파 1/2개(100~120g)
토마토 2개
그린빈 40g
카레 가루 3T
올리브유 약간
물 300ml

1 감자를 전자레인지에 5분 정도 익힌다.

2 껍질을 벗겨 대충 으깬다.

3 양파는 채 썰고 토마토는 잘게 썬다.

4 그린빈은 1/3 길이로 자른다.

5 양파는 팬에 올리브유를 약간 두르고 중간 불로 노르스름하게 볶는다.

6 토마토와 그린빈을 더해 볶는다.

7 물기가 생기면 카레 가루를 넣어 볶는다.

8 카레 가루가 잘 섞이면 물을 붓고 잘 풀어준다.

9 5분 정도 푹 끓이다가 으깬 감자를 넣고 조금 더 끓인다.

10 밥과 함께 접시에 담는다.

아삭 감자채 볶음과 애호박 마늘칩 볶음(118쪽), 육수에 식초와 원당, 간장을 넣어 새콤달콤하게 간을 한 미역 냉국을 함께 차렸어요.

{ 여름 채소 볶음 ① }

# 아삭 감자채 볶음

노지에서 자란 햇감자는 6월부터 9월까지 수확돼요. 포실포실한 느낌과 단맛이 좋은 햇감자로 만든 볶음은 여름철 단골 밑반찬이랍니다. 도톰하게 썰어 부드럽게 볶기도 하고 얇게 채 썰어 아삭하게 볶기도 해요. 나물처럼 듬뿍 집어먹는 아삭 감자채 볶음은 전분기를 최대한 제거해야 식감이 좋아요.

재료

4인 가족 분량
감자 2개(300g 내외)
대파 10g
식용유 약간
소금 약간
참기름 약간
통깨 약간

1 감자는 깨끗이 씻어 껍질을 벗긴 후 최대한 얇게 채 썰고 대파는 어슷하게 썬다.

2 채 썬 감자는 물에 10분 정도 담가 전분기를 빼고 흐르는 물에 여러 번 헹궈준 뒤, 체에 밭쳐 물기를 제거한다.

3 팬에 식용유를 약간 두르고 감자를 중간 불로 볶아준다.

4 감자가 투명하게 익으면 썰어 놓은 대파와 소금을 넣고 조금 더 볶는다.

5 아삭한 식감이 살아 있을 때 불을 끄고 참기름과 통깨를 뿌려준다.

# 애호박

애호박은 3~10월이 제철이에요. 제철 애호박은 달고 맛있어서 최소한의 양념으로도 아주 훌륭한 반찬이 돼요. 애호박은 비닐을 제거하고 키친타월로 감싼 후 냉장고에 넣어 두면 좀 더 오래 보관할 수 있어요.

# 애호박 만두

만두에는 속 재료가 다양하게 들어가기 때문에 어른들도 먹고 나면 더부룩함을 느낄 때가 많지요. 애호박은 소화 기능 개선에 도움을 주는 비타민 A와 E가 함유되어 있어요. 애호박을 속 재료로 만든 만두는 부드럽고 소화가 잘 돼서 부담이 덜해요.

재료

4인 가족 분량

만두피 재료
- 밀가루 200g
- 물 135ml
- 식용유 0.5T

속 재료
- 애호박 1개
- 돼지고기(다짐육) 200g
- 두부 150g
- 대파 10g
- 소금 0.5T(애호박 절임용)

속 재료 양념
- 쌀가루 1T
- 간장 1T
- 국간장 0.5T
- 원당 0.5T
- 후추 약간(생략 가능)

1 볼에 [만두피 재료]를 넣어 5~10분 정도 손으로 반죽하고 냉장고에 넣어 30분 이상 숙성한다.

2 애호박은 얇게 채 썰어 소금을 넣고 10분 정도 절인 후 꼭 짜서 물기를 제거한다.

3 두부는 손이나 면포로 짜서 물기를 제거한다.

4 대파는 잘게 다진다.

5 볼에 애호박, 두부, 대파, 돼지고기, [속 재료 양념]을 넣고 잘 섞는다.

6 1의 반죽은 적당히 떼서 밀대로 밀어 동그랗게 만두피를 만든다.

7 6에 5의 속을 넣어 만두를 빚는다.

8 냄비에 찜기를 올리고 물이 끓으면 빚어 놓은 만두를 넣어 중간 불로 10분 정도 찐다.

- 시판 만두피를 이용하면 편리해요.
- 남은 속 반죽은 동그랗게 빚어 밀가루, 달걀물을 입혀 구워서 동그랑땡을 만들어 먹을 수도 있어요.

# 애호박 롤 토스트

동글동글한 토스트는 한입에 먹기 좋아서 아이들의 아침 메뉴 또는 간식으로 좋아요. 또 채소를 함께 섭취할 수 있어서 영양가 좋은 토스트이지요. 같은 제철 채소인 가지도 함께 활용했어요. 아이들과 함께 식빵을 밀대로 밀어보고 돌돌 말아 만들어 보세요.

재료

4인 가족 분량
애호박 1개
가지 1개
식빵 8장
달걀 2개
소금 약간
버터(또는 식용유) 약간

1 필러로 애호박과 가지를 얇게 밀어준다.

2 식빵은 밀대로 민다.

3 식빵 길이에 맞게 가지와 애호박을 잘라서 올리고 돌돌 말아준 뒤 김밥처럼 자른다.

4 볼에 달걀을 풀고 소금을 약간 넣어 섞은 뒤 3을 적신다.

5 팬에 버터(또는 식용유)를 넣고 4를 약한 불로 노르스름하게 굽는다.

6 기호에 따라 설탕이나 원당, 메이플 시럽 등을 뿌린다.

# 애호박 국수

애호박 국수는 건진 국수라고도 부르는 강원도 향토 음식이에요. 삶은 면 위에 애호박 고명과 통깨, 김 가루 등을 올려 먹는 여름철 별미이죠. 애호박은 이유식에 많이 활용될 정도로 영양이 좋고 속에 부담을 주지 않는 채소예요. 삼삼하게 볶은 애호박 고명을 듬뿍 올려 드세요.

재료

4인 가족 분량
- 칼국수면 600g
- 애호박 2개
- 대파 20g
- 다진 마늘 1T
- 식용유 약간
- 들기름 약간
- 김 가루 약간
- 통깨 약간

양념
- 간장 2T
- 액젓 2t
- 원당 2t
- 고춧가루 2T(생략 가능)

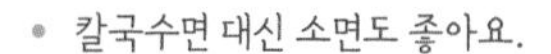

- 칼국수면 대신 소면도 좋아요.
- 매운 것을 못 먹는 아이는 고춧가루만 빼거나 파프리카 가루로 대체해 주세요.

1 애호박은 채 썰고 대파는 다진다.

2 팬에 식용유를 약간 두르고 다진 파와 다진 마늘을 약한 불로 볶는다.

3 채 썬 애호박을 넣어 볶다가 투명해지면 [양념]을 넣어 빠르게 볶고 불을 끈다.

4 냄비에 칼국수면을 삶아 찬물에 헹궈 물기를 뺀 후 그릇에 담는다.

5 볶은 애호박을 올린 후 들기름, 김 가루, 통깨를 뿌린다.

{ 여름 채소 볶음 ② }

# 애호박 마늘칩 볶음

재료

4인 가족 분량
- 애호박 1개
- 마늘 30g
- 소금 약간
- 식용유 약간
- 참기름 약간
- 통깨 약간

애호박 볶음에 편마늘을 함께 넣으면 향이 더 풍부해져요. 깔끔한 맛을 선호하면 소금으로, 깊은 감칠맛을 선호하면 새우젓이나 액젓으로 간을 해주세요.

1 애호박은 반달 모양으로 썰거나 도톰하게 채 썬다.

2 마늘은 편으로 얇게 저민다.

3 팬에 식용유를 약간 두르고 저민 마늘을 넣어 약한 불로 노르스름하게 굽는다.

4 구운 마늘은 접시에 꺼내 놓고 썰어 둔 애호박을 넣어 볶는다.

5 애호박이 투명하게 익으면 구워 둔 마늘을 다시 넣고 소금 간을 한다.

6 불을 끄고 참기름과 통깨를 뿌린다.

# 애호박 팬케이크

애호박 팬케이크는 저희 집에서 가장 자주 먹는 팬케이크 중 하나예요. 팬케이크를 만들 때는 채소를 썰어서 넣는 편인데, 씹는 맛도 더해지고 채소 본연의 단맛이 팬케이크와 잘 어울려서 좋아요. 무엇보다 아이들에게 맛있게 채소를 먹일 수 있지요.

재료

4인 가족 분량

애호박 1개
밀가루 280g
우유 250ml
달걀 2개
녹인 버터(또는 식용유) 1T
원당 2T
베이킹파우더 2t
식용유 약간(부침용)
소금 약간(애호박 절임용)

1 애호박을 채 썰어 볼에 담고 소금을 뿌려 잘 섞어 둔다.

2 볼에 밀가루와 우유, 달걀, 녹인 버터(또는 식용유), 원당, 베이킹파우더를 잘 섞는다.

3 10분 정도 지난 뒤 절여 둔 애호박에서 수분이 빠지면 물기를 꼭 짜서 2의 볼에 옮겨 섞는다.

4 팬에 식용유를 약간 두르고 예열한 뒤 키친타월로 한 번 닦는다.

5 반죽을 얇게 올리고 뚜껑을 덮는다.

6 윗면에 기포가 올라오면 반죽을 뒤집고 뚜껑을 덮어 반대편도 익혀준다.

- 애호박을 소금에 살짝 절인 후 꼭 짜서 반죽에 넣으면 팬케이크가 질퍽하지 않고, 반죽에 간을 따로 하지 않아도 돼요.
- 기호에 따라 메이플 시럽을 곁들여 드세요.

Summer

# 초당 옥수수

초당 옥수수는 우리나라(주로 제주도)에서 재배가 시작된 지 얼마 안 된 품종이에요. 과일 이상의 높은 당도와 톡톡 터지는 독특한 식감 때문에 재배 역사가 짧은 편임에도 불구하고 아주 인기 있는 식품이지요. 식이 섬유와 수분이 많고 녹말 함유량이 적어 다이어트에도 좋아요. 제주에서 재배된 초당 옥수수는 6월 한 달간 짧게 만나볼 수 있어요. 출하 기간이 짧은 편이라 시기에 맞춰 꼭 맛보시기를 추천드려요. 초당 옥수수는 물에 삶는 것보다 전자레인지에 찌면 단맛이 빠지지 않아 훨씬 맛있고 간편해요. 전용 용기에 3분 정도 쪄주세요.

# 옥수수 솥밥

초당 옥수수 솥밥은 시즌이 오면 가장 먼저 해 먹는 메뉴인데,
다른 찬 없이 버터 한 조각과 양념장만 곁들여도 별미예요.

재료

4인 가족 분량
- 옥수수 1개
- 쌀 1.5컵
- 물 1.5컵

양념장
- 육수(또는 물) 1T
- 간장 1T
- 국간장 0.5T
- 원당 1t
- 참기름 1T
- 통깨 약간

1 쌀을 깨끗이 씻어 1시간 정도 물에 불린 후 체에 밭쳐 둔다.

2 옥수수는 칼로 알을 분리한다.

3 냄비에 쌀과 분리한 옥수수 알, 옥수수 속대를 넣고 물을 붓는다.

4 약한 불로 15~20분 정도 끓인다.

5 불을 끄고 5분 정도 뜸을 들인다.

- 1을 생략하고 모든 재료를 전기밥솥에 넣어 백미 취사로 밥을 지어도 좋아요.
- 어른은 양념장에 고춧가루, 다진 파, 다진 마늘을 추가해서 드세요.

# 크림 옥수수

크림 옥수수는 콘치즈, 토스트, 파스타, 피자 등 다양한 메뉴에 활용할 수 있어요. 흔히 콘치즈는 옥수수와 마요네즈, 치즈를 넣는데, 마요네즈 대신 우유를 넣으면 짜지 않고 덜 느끼해요. 몇 번 먹을 만큼 만들어 냉장고에 넣어 두고 다양하게 활용해 보세요.

재료

4인 가족 분량의 크림 옥수수 토스트 기준
초당 옥수수 1.5개
버터 20g
밀가루 1T
우유 250ml
소금 약간

1 옥수수는 칼로 알을 분리한다.

2 팬에 버터를 넣고 약한 불로 녹인 후 밀가루를 넣고 빠르게 섞으며 타지 않게 루를 만든다.

3 우유를 넣어 잘 풀어준다.

4 옥수수와 소금을 넣고 끓이다 걸쭉해지면 불을 끈다.

## 활용 메뉴

### { 크림 옥수수 토스트 }

식빵에 [크림 옥수수]와 모짜렐라 치즈, 파슬리 가루를 올리고 에어프라이어 180도에 5분 정도 굽는다.

### { 크림 옥수수 파스타 }

팬에 [크림 옥수수]와 익힌 파스타면, 파스타면이 자작하게 잠길 정도의 우유를 붓고 끓이다가 소금, 후추로 간한다.

크림 옥수수 토스트

크림 옥수수 파스타

## 크림 옥수수 샌드위치

빵 사이에 [크림 옥수수], 햄, 양상추, 토마토 등을 넣는다.

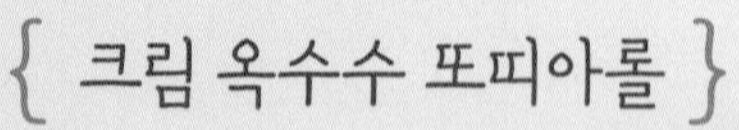

## 크림 옥수수 또띠아롤

또띠아 위에 양상추, 햄, 채 썬 당근, [크림 옥수수]를 넣어 돌돌 말아준다.
칠리소스나 살사소스가 잘 어울린다.

# 가지

7~9월이 제철인 가지는 가격도 저렴하고 반찬부터 솥밥, 튀김까지 다양한 요리가 가능해서 자주 이용하는 식재료예요. 하우스 재배로 마트에서 사계절 언제든 구입할 수 있지만 7월부터 강원도를 중심으로 수확되는 노지 가지는 더 쫄깃하고 씨도 적어서 먹기 좋아요.

# 가지 토마토 냉국수

여름을 대표하는 채소인 가지와 토마토를 넣은 냉국수는 덥고 입맛 없는 여름철 시원하고 깔끔하게 먹기 좋은 메뉴예요. 자극적이지 않아 아이들과 함께 먹기 좋지요. 가지와 토마토, 메밀은 모두 차가운 성질을 가지고 있어 몸 안의 열을 낮춰주는 데 좋고 수분이 많아 무더운 여름철 수분 보충에도 도움이 돼요. 다만 몸이 차거나 기관지가 좋지 않은 사람, 임산부의 경우 섭취량 조절이 필요합니다.

| 재료 | 4인 가족 분량 | 양념 | 국물 | |
|---|---|---|---|---|
| | 메밀면(또는 소면) 300g | 국간장 1t | 육수 1L | 원당 2T |
| | 가지 2개 | 양조간장 0.5t | 국간장 1T | 식초 2T |
| | 매실 방울토마토* 10~15개 | 원당 1t | 양조간장 1T | 매실액 2T |
| | | 참기름 약간 | | |

* 매실액에 절인 방울토마토는 여름철 곁들임 반찬으로도 좋고 냉국에 넣어도 좋아요. 방울토마토 꼭지 반대편을 십자 모양으로 자른 후 물에 살짝 데쳐 껍질을 벗겨내고 매실액에 담가 냉장고에 반나절 이상 보관했다 먹으면 돼요.

1 가지를 깨끗이 씻고 길이대로 반 잘라서 전자레인지에 3분 정도 익힌다.

2 가지를 식혀서 결대로 찢는다.

3 [양념] 재료를 모두 넣고 가지를 무친다.

4 메밀면(또는 소면)을 삶아서 찬물에 헹궈 체에 밭쳐 둔다.

5 볼에 [국물] 재료를 모두 섞는다.

6 그릇에 면과 양념한 가지, 매실 방울토마토를 넣고 5의 육수를 붓는다.

- 육수(36쪽)를 낼 때(또는 육수팩을 이용할 때) 양파, 대파, 마늘 등 집에 있는 채소를 추가해 주세요. 채소의 향이 더해져 훨씬 깔끔한 맛을 낼 수 있어요.
- 육수는 냉장고에 넣어 시원하게 해서 드세요.

# 가지말이 밥

가지말이 밥은 얇게 저민 가지에 밥을 넣고 돌돌 말아 달콤한 소스에 졸인 메뉴로, 한입에 쏙 넣기 좋아서 아이들 아침이나 도시락 메뉴로 추천해요.

재료

| 4인 가족 분량 | 양념 |
| --- | --- |
| 밥 3~4공기(500g 내외) | 간장 2T |
| 가지 3개 | 조청 2T |
| 식용유 약간 | 맛술 1T |

1 가지를 길이대로 얇게 자른다(또는 필러로 밀어준다).

2 밥은 먹기 좋은 크기로 뭉친다.

3 얇게 썬 가지에 밥을 넣어 돌돌 말아준다.

4 팬에 식용유를 약간 두르고 3의 말린 끝쪽이 팬의 바닥으로 가게 먼저 놓고 노르스름하게 굴려가며 굽는다.

5 4에 [양념]을 넣고 졸인다.

- 가지가 두껍게 썰어질 경우 전자레인지에 30초 정도 돌리거나 팬에 살짝 구워 부드럽게 만든 후 밥을 말아줘요.
- 완성한 가지말이 밥에 마요네즈를 조금 올려서 먹으면 더 맛있어요.

# 가지 그라탕

가지로 흔히 만드는 반찬인 가지무침, 가지볶음은 물컹한 식감 때문에 호불호가 갈리기도 하지요. 가지의 부드러운 맛을 선호하지 않는다면 오븐이나 에어프라이어에 조리해 보세요. 오븐에 구운 쫄깃한 식감의 가지와 토마토소스, 고기, 치즈의 조합이 좋은 메뉴랍니다. 아이들 간식으로도, 어른들 술안주로도 좋아요.

재료

- 4인 가족 분량
- 가지 2개
- 소고기(다짐육) 150g
- 양파 1/4개(40~60g)
- 모짜렐라 치즈 100g
- 토마토소스 3T
- 다진 마늘 2t
- 올리브유 약간
- 오일 스프레이

1. 양파를 잘게 다진다. 가지는 얇게 썰거나 필러로 밀어준다.
2. 팬에 올리브유를 약간 두르고 다진 양파와 다진 마늘을 볶는다.
3. 양파가 투명해지면 소고기를 넣고 수분을 날려주며 완전히 익힌다.
4. 소고기가 익으면 토마토소스를 넣고 1분 정도 더 볶는다.
5. 오븐 그릇에 가지와 4의 소스, 모짜렐라 치즈를 켜켜이 올려준다.
6. 오일 스프레이를 약간 뿌린다.
7. 에어프라이어 180도에서 윗면이 노르스름해질 때까지 10분 정도 굽는다.

- 가지의 부드러운 맛을 선호하면 팬에 뚜껑을 덮어 익혀 주세요.
- 꽃 모양의 가지 그라탕은 가지를 얇게 썰어 전자레인지에 30초 정도 돌려서 부드럽게 만든 후 서로 겹치도록 놓고 소스를 올려 말아주면 돼요(4번 사진).

# 가지 추로스

가지로 만드는 간단한 간식이에요. 가지에 밀가루, 달걀물, 빵가루를 묻혀 바삭하게 튀긴 후 원당, 계핏가루를 뿌린 가지 추로스는 아이들이 좋아하는 메뉴예요.

재료

4인 가족 분량
가지 2개
밀가루 4T
달걀 1개
빵가루 200ml
식용유 충분히
원당 약간
계핏가루 약간

1 가지를 길쭉한 모양으로 썬다.

2 볼에 달걀을 풀어 달걀물을 만든다.

3 가지에 밀가루, 달걀물, 빵가루를 순서대로 묻혀준다.

4 빵가루가 가지에 잘 붙도록 5분 정도 둔다.

5 팬에 식용유를 두르고 4를 중간 불로 노릇하게 튀긴다(또는 에어프라이어에 넣고 오일 스프레이를 뿌려 180도에서 10분 정도 굽는다).

6 키친타월에 올려 기름기를 제거하고 원당, 계핏가루를 뿌린다.

# 파프리카

파프리카는 5~7월이 제철이에요. 재배량이 점차 늘어나면서 빨강, 노랑, 주황의 알록달록한 파프리카를 사계절 만나볼 수 있지만 여름철 파프리카는 수분이 많아 과일처럼 생으로 섭취하거나 샐러드로 먹어도 아주 맛있어요. 파프리카에 함유되어 있는 파이토케미컬 성분은 항산화 작용, 면역 기능 증진에 도움이 되고 칼슘과 인도 풍부해 성장기 아이들에게 아주 좋은 채소예요. 파프리카는 우리말로 단 고추로 번역이 돼요. 고추의 캡사이신 성분이 거의 없어 맵지 않고 당도는 훨씬 높지만 고추 특유의 향은 가지고 있어서 고기 요리와 잘 어울리고, 아이들이나 매운 맛을 절제해야 하는 어른들에게 고추 대신 사용하면 좋아요.

# 칠리 새우 with 파프리카 사과소스

칠리소스는 강정류나 월남쌈, 튀김류를 찍어 먹는 소스로 쓰임이 다양하지만, 매운 맛이 나기 때문에 아이들은 먹기가 어렵지요. 파프리카는 매운맛은 전혀 없지만 고추 특유의 향을 가지고 있어 칠리소스의 맛을 비슷하게 낼 수 있어요.
파프리카 사과소스를 이용해 맵지 않은 칠리 새우를 만들어 보세요. 완성 후 아이용은 따로 담아 놓고 어른용에는 매콤한 크러쉬드 페퍼를 조금 추가하면 좋아요.

재료

파프리카 사과소스
- 파프리카 1/2개(80~100g)
- 사과 1개 또는 사과즙 1봉지
- 물 200ml
- 식초 1T
- 원당 3T
- 간장 1t
- 소금 약간(생략 가능)
- 전분물(전분 가루 2t, 물 1T)

칠리 새우 4인 가족 분량
- 새우 15~20마리
- 파프리카 50g
- 양파 1/2개(100~120g)
- 완두콩 30g
- 달걀 1개
- 전분 가루 100g(튀김옷용)
- 식용유 충분히

칠리 새우 양념 재료
- 파프리카 사과소스 6T
- 케첩 1T
- 간장 1t

## 파프리카 사과소스 만들기

1 사과는 껍질을 벗기고 물 100ml와 함께 믹서에 간다.

2 1을 체로 거른다(사과즙을 이용하는 경우 1, 2의 과정 생략).

3 파프리카는 속 하얀 부분만 제거하고 씨와 함께 물 100ml를 넣어 믹서에 입자가 보이게 간다.

4 냄비에 2와 3, 식초, 원당, 간장, 소금을 넣고 약한 불로 10분 정도 끓인다.

5 잘 저어가면서 전분물을 붓고 2분 정도 더 끓인다.

6 식혀서 소독한 유리병에 넣어 냉장 보관한다.

## 칠리 새우 만들기

1 손질한 새우(손질법은 173쪽 'c'참고)에 달걀 흰자, 전분 가루를 순서대로 묻히고, 전분 가루가 새우에 잘 붙어 촉촉해질 때까지 10분 정도 둔다.

2 팬에 식용유를 충분히 두르고 1을 중간 불로 노릇하게 튀긴 후, 튀김 트레이나 키친타월에 올려 기름을 뺀다.

3 양파는 다지고 파프리카는 먹기 좋은 크기로 썬다.

4 팬에 식용유를 약간 두르고 다진 양파를 넣어 중간 불로 볶다가 파프리카, 완두콩, [칠리 새우 양념 재료]를 넣고 바글바글 끓어오르면 불을 끈다.

5 4에 2를 넣어 잘 버무려준다.

- 닭고기, 생선살 등을 이용해 다양한 칠리 강정을 만들어 보세요.

# 파프리카 메밀쌈

파프리카는 소고기와 함께 간장 양념에 볶아 반찬으로 먹어도 좋고, 메밀쌈이나 꽃빵을 곁들이면 멋진 메인 요리가 될 수 있어요.

**재료**

4인 가족 분량
- 파프리카 180g
- 소고기(구이용) 200g
- 오이 1/2개
- 양파 1/2개(100~120g)
- 식용유 약간

메밀쌈 반죽
- 메밀가루 150g
- 물 350ml
- 소금 1꼬집

소고기 양념
- 간장 2t
- 조청 2t
- 맛술 2t

1. 볼에 [메밀쌈 반죽]을 모두 섞는다.
2. 팬에 식용유를 약간 두르고 키친타월로 한 번 닦아낸 후 1의 반죽을 약한 불로 부친다. 작은 국자나 숟가락으로 원을 그려가며 반죽을 얇게 넓혀 동그란 모양으로 만든다.
3. 파프리카, 소고기, 오이, 양파를 채 썬다.
4. 소고기는 [소고기 양념]에 10분 정도 재운다.
5. 팬에 식용유를 약간 두르고 오이, 양파, 파프리카를 순서대로 각각 약한 불로 볶는다(색이 진한 재료를 나중에 볶아야 색이 물들지 않는다).
6. 재워 둔 소고기를 볶는다.
7. 메밀쌈과 볶은 재료를 그릇에 함께 담는다.

- 메밀쌈 반죽은 충분히 묽어야 얇게 부칠 수 있어요.
- 메밀은 점성이 낮아 뚝뚝 끊기는 특징이 있어 찢어지지 않도록 조심스럽게 부쳐야 합니다. 밀가루를 조금 넣어 반죽하면 식감이 쫀득해지고 덜 끊어져요.
- 어른들은 연겨자, 식초, 설탕, 간장을 넣어 만든 겨자소스를 찍어 드시면 맛있어요.

Summer

# 오이

오이는 땀을 많이 흘리는 여름철 수분 보충에 도움이 되는 채소예요. 또 나트륨의 배출을 도와주고 변비에도 효과적이지요. 하우스 재배로 겨울에도 달고 아삭한 오이를 접할 수 있어서 아이들 간식용이나 생채 반찬용으로 저희 집 냉장고에 늘 구비되어 있는 채소 중에 하나예요.

# 오이무침 with 수육

수육은 배추와 무가 맛있는 가을, 겨울에 주로 해 먹는 메뉴인데, 여름에도 기름기 쫙 빠지고 부드러운 수육이 한 번씩 생각날 때가 있어요. 하지만 여름 무는 쓴맛과 매운맛이 강한 편이라 대신 보쌈 무처럼 오독오독한 식감을 살려 달콤하게 무친 오이와 함께 먹으면 좋아요.

재료

4인 가족 분량

오이 무침 재료
오이 2개
양파 1/4개(40~60g)
부추 30g
소금 2t(절임용)

오이 무침 양념
고춧가루 2T
액젓 2t
다진 마늘 0.5t
조청 1T
매실액 1t

수육 재료
앞다리살 또는 삼겹살(수육용) 500g
양파 1/2개(100~120g)
대파 20g
통마늘 5개
월계수 잎 2장
된장 1T

## 수육 만들기

1 냄비에 고기를 넣고 잠길 정도로 물을 붓는다.

2 나머지 [수육 재료]를 모두 넣고 중간 불로 끓인다.

3 끓기 시작하면 뚜껑을 닫고 약한 불로 줄인 후 1시간 정도 끓인다.

4 불을 끄고 15~20분 정도 뜸을 들인다.

5 꺼내서 얇게 썰어준다.

- 삶은 고기를 뜨거운 상태에서 꺼내어 식히면 표면이 마르고 검게 변하면서 질겨져요. 냄비에서 충분히 뜸을 들이며 식힌 후 꺼내주세요. 아이들이 먹기 좋은 부드러운 수육이 돼요.
- 삶은 고기를 데울 때는 찜기에 넣어 냄비나 전자레인지에 살짝 쪄 주면 부드러워요.
- 마트에서 파는 삼계탕용 재료를 넣어 끓이면 잡내 제거에 좋아요.

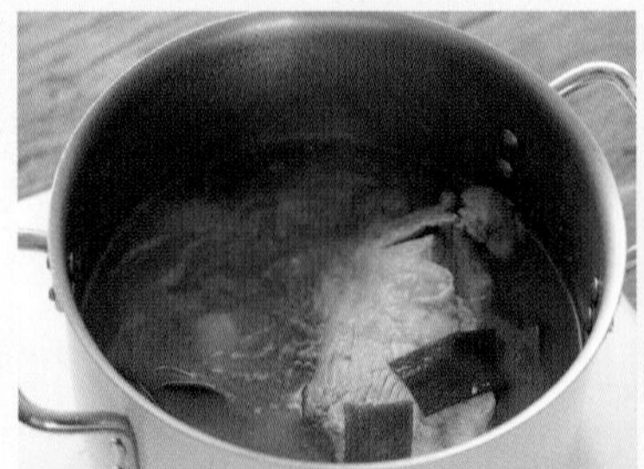

## 오이 무침 만들기

1 오이를 십자로 잘라서 씨 부분을 도려내고 얇게 썬다.

2 볼에 오이와 소금을 넣어 15분 정도 절인다.

3 2를 물에 살짝 헹구고 손으로 꼭 짠다.

4 양파는 채 썰고 부추는 양파 길이대로 썬다.

5 볼에 오이, 양파, 부추, [오이 무침 양념]을 넣고 잘 버무려준다.

- 보쌈에 곁들여 먹는 무침은 설탕이나 원당 대신 조청, 올리고당으로 단맛을 내는 것이 좋아요. 윤기가 나서 먹음직스럽기도 하고, 재료에서 물기가 덜 빠지기 때문에 양념이 잘 묻어 있어 더 맛있게 먹을 수 있답니다.

# 오이 김밥

제철 오이는 아삭한 맛이 좋아 김밥에 단무지 대신 넣어 건강하고 상큼하게 먹을 수 있어요. 오이와 잘 어울리는 달걀, 게맛살을 함께 넣었는데 볶은 소고기를 대신 넣어도 좋아요. 단, 당근은 함께 먹으면 오이의 비타민 C가 손실될 수 있으니 피하는 것이 좋겠지요.

재료

4인 가족 분량
(어른용 2줄, 아이용 꼬마김밥 2줄)
밥 3~4공기(500g 내외)
오이 1.5개
달걀 3개
게맛살 3개
김밥 김 3~4장
소금 2t(오이 절임용)

단촛물 재료
식초 1T
원당 1T

1 오이를 얇게 썰어 소금을 넣고 10분 정도 절인 후 물에 살짝 헹구어 물기를 꼭 짠다.

2 밥에 [단촛물 재료]를 넣어 잘 섞는다.

3 달걀은 지단을 부쳐서 얇게 썬다.

4 게맛살은 얇게 찢는다.

5 김밥 김에 밥을 골고루 펴고 오이, 지단, 게맛살을 올려 말아준다.

# 오이 아보카도 롤

오이 아보카도 롤은 식빵을 얇게 밀어 으깬 아보카도와 오이를 넣어 돌돌 만 롤 샌드위치예요. 고소한 아보카도와 아삭한 오이의 맛이 서로 잘 어울린답니다. 빵은 견과류가 들어간 빵이나 통밀 빵을 사용하면 더 고소하고 씹는 맛이 좋아요. 심심하고 건강한 맛이라 오이나 아보카도를 좋아하지 않는 분들이나 아이들을 위해서는 치즈, 과일잼, 햄 등 다른 재료나 마요네즈, 홀그레인 머스터드 등의 소스류를 곁들여 맛을 더해 주세요.

재료

4인 가족 분량

- 식빵 6장
- 오이 1개
- 잘 익은 아보카도 1개
- 소금 약간
- 후추 약간(생략 가능)

1. 식빵을 밀대로 얇게 민다.
2. 오이는 돌려 깎은 후 채 썬다.
3. 잘 익은 아보카도는 포크로 잘 으깬다.
4. 식빵에 으깬 아보카도를 펴 바르고 소금, 후추를 살짝 뿌린다.
5. 채 썬 오이를 넣고 돌돌 말아 랩으로 잠시 감싼 뒤 썰어준다.

Summer

# 전복

여름~가을이 제철인 전복은 원기 회복에 도움이 되는 대표 보양식 재료지요. 고단백 식품이라 성장기 아이들에게도 좋고 타우린 성분이 많아 콜레스테롤과 간 피로 개선에 도움이 되어 어른들에게도 좋아요. 예전보다 가격대가 많이 좋아졌으니 손질 방법을 잘 익혀서 다양한 메뉴로 전복을 즐겨 보세요.

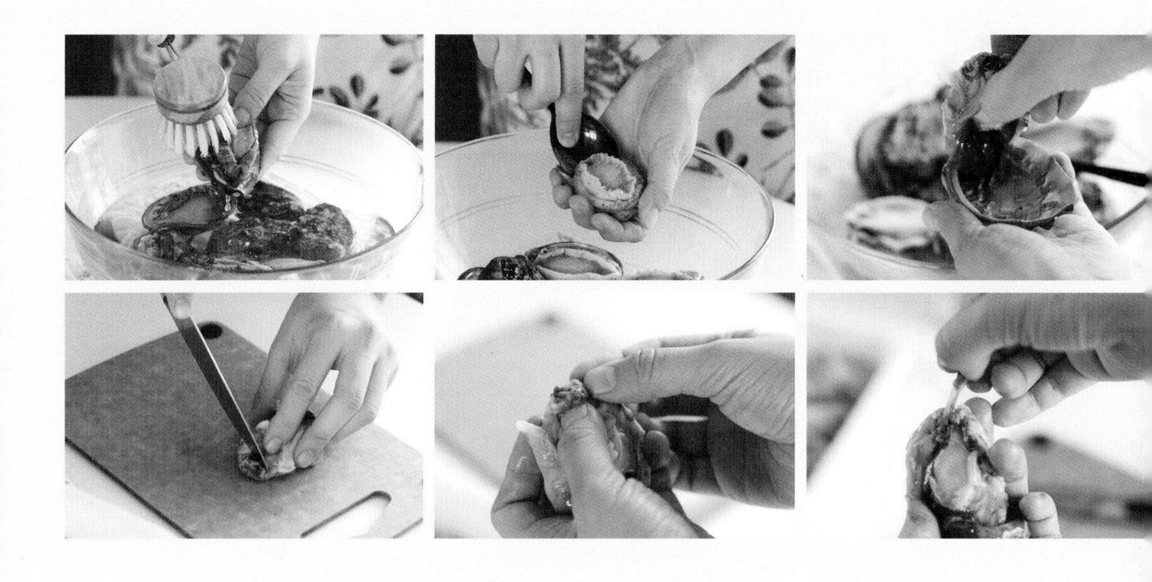

## 전복 손질하기

1 전복을 솔로 구석구석 문질러 흐르는 물에 잘 씻는다.

2 숟가락으로 껍데기와 살을 분리한다(끓는 물에 10초 정도 데치면 쉽게 분리할 수 있다).

3 살을 뒤집어 입 부분에 살짝 칼집을 넣고 엄지로 밀어서 이빨을 제거한다.

▲ 오이와 적양파를 썰어 새콤달콤하게 무친 오이무침과 애호박전을 함께 차렸어요.

# 전복 콩나물국

집에서 자주 끓여 먹는 콩나물국에도 전복을 넣으면 간단하지만 좋은 보양식이 되지요.
수란을 곁들여 부드럽고 고소한 맛을 더해 보세요.

재료

4인 가족 분량
중간 크기 전복 8~10마리
콩나물 180g
대파 30g
육수 1.2L
다진 마늘 2t

양념
새우젓 0.5T

수란
달걀
식초 1T

1 전복은 손질해서 칼집을 넣는다(내장을 넣으면 구수한 맛이 좋지만 국물이 탁해질 수 있다).

2 콩나물은 깨끗이 씻어 체에 밭쳐 두고 대파는 어슷하게 썬다.

3 냄비에 육수를 넣고 손질한 전복, 콩나물, 다진 마늘을 넣는다.

4 중간 불로 5분 정도 끓인 후, 새우젓과 썰어 둔 대파를 넣고 조금 더 끓인다.

5 수란을 만들어 그릇에 국을 담고 수란을 올린다.

## 수란 만들기

1 깊이 있는 냄비에 물을 2/3 정도 넣고 끓인다. 식초를 1T 정도 넣는다.

2 작은 그릇에 달걀을 깨뜨려 놓는다.

3 물이 끓어오르면 불을 조금 낮추고 큰 숟가락으로 원형을 그리며 젓는다.

4 물이 회오리처럼 회전하면 중앙에 2의 달걀을 넣는다.

5 물이 계속 회전할 수 있게 주변을 천천히 저어준다.

6 흰자가 어느 정도 모양이 잡히면 그대로 3분 정도 더 익힌 후 꺼낸다.

# 전복 크로켓

전복 크로켓은 잘 손질된 전복에 밀가루, 달걀물, 빵가루를 입혀 담백하게 구워낸 메뉴예요. 돈가스소스나 칠리소스, 케첩, 타르타르소스(175쪽 참고) 등을 곁들여도 좋아요.

재료

4인 가족 분량
- 전복 10~15마리(또는 원하는 만큼)
- 달걀 1개
- 밀가루 적당히
- 빵가루 적당히
- 오일 스프레이

1 전복을 손질하고 내장을 제거한 뒤 깨끗이 씻는다.

2 키친타월로 전복의 물기를 제거하고 칼집을 넣는다.

3 달걀은 볼에 잘 풀어 달걀물을 만든다.

4 손질한 전복에 밀가루, 달걀물, 빵가루를 순서대로 묻혀준다.

5 빵가루가 전복에 잘 붙도록 5분 정도 둔다.

6 에어프라이어에 넣고 오일 스프레이를 뿌려 180도에서 10분 정도 굽는다.

Summer

# 참나물

참나물은 7~8월이 제철이에요. 베타카로틴이 풍부해 눈 건강에 좋고 체내 콜레스테롤을 낮춰주는 역할을 해요. 참나물은 잎이 얇고 질기지 않아 소화가 잘 되는 편이고, 제철 참나물은 특히 더 부드럽고 향이 좋아서 생채를 하기에도 적합해요.

# 참나물 페스토 파스타

생채로도 먹는 참나물은 페스토를 만들기도 좋아요. 보통 바질로 만들지만 바질 특유의 향은 호불호가 있을 수 있고, 페스토를 만들 많은 양의 바질을 구입하기도 쉽지 않지요. 대신 우리에게 조금 더 친숙한 참나물에 견과류와 치즈의 고소한 맛을 더해 참나물 페스토를 만들어 보세요.

재료

4인 가족 분량
파스타면 300g
참나물 페스토 적당히
소금 약간(파스타 삶는 용)

페스토 재료
참나물 70g
견과류(잣, 캐슈넛 등) 40g
파마산 또는 그라나파다노 치즈 가루 2T
올리브유 150ml
마늘 10g
소금 1t

1 믹서에 [페스토 재료]를 모두 넣고 간다.

2 파스타면은 끓는 물에 소금을 약간 넣고 7~10분간 삶는다.

3 볼에 따뜻한 파스타면과 참나물 페스토를 적당히 넣고 잘 섞어준다.

4 접시에 담고 파마산 또는 그라나파다노 치즈 가루를 뿌린다.

- 참나물 외에 집에 있는 시금치, 미나리, 케일 등의 초록 채소를 이용해 페스토를 만들어 보세요.
- 페스토는 빵에 발라서 드시거나 샌드위치, 샐러드 소스로 사용해도 좋아요.
- 파마산 또는 그라나파다노 치즈는 덩어리를 그라인더로 갈아서 넣는 것이 좋아요. 가루 제품보다 맛과 풍미가 훨씬 더 좋아요.

## { 참나물 페스토 리조또 }

팬에 올리브유를 살짝 두르고 채 썬 양파를 볶다가 원하는 부재료(새우, 베이컨, 오징어 등)를 넣어 볶는다. 우유를 자작하게 붓고 밥과 참나물 페스토를 적당히 넣어 끓인다. 그릇에 담고 파마산 치즈 가루를 뿌린다.

# 참나물 소고기 두부 김밥

참나물 소고기 두부 김밥은 참나물의 향긋함에 소고기와 두부의 고소함이 어우러진 건강한 김밥이에요. 참나물 특유의 향은 특히 아이들이 먹기에 쉽지 않을 수 있지만 김밥이라면 영양 좋은 참나물을 조금 더 친근하게 접해볼 수 있을 거예요.

재료

| 4인 가족 분량 | 소고기 양념 | 참나물 양념 |
| --- | --- | --- |
| 밥 3~4공기(500g 내외) | 간장 2T | 소금 약간 |
| 참나물 200g | 배즙 2T(또는 원당 1T) | 들기름 약간 |
| 소고기(불고기용) 200g | 맛술 1T | |
| 두부 1/2모 | 마늘 0.5T | |
| 김밥 김 3~4장 | | |
| 참기름 약간 | | |
| 소금 약간 | | |

1 소고기를 [소고기 양념]에 재워 냉장고에 30분 이상 둔다.

2 참나물은 깨끗이 씻어 1분 정도 데친 후 체에 밭쳐 둔다.

3 두부는 1cm 정도 두께로 썰어 팬에 노릇하게 굽는다.

4 양념에 재운 소고기는 팬에 국물 없이 바싹 볶아서 준비한다(고기가 익기 전에 양념이 졸아들면 물을 조금 더 넣어 익혀도 좋다).

5 데친 참나물은 손으로 물기를 한 번 더 짜고 [참나물 양념]을 넣어 버무린다.

6 밥에 참기름, 소금을 약간 넣어 잘 버무린다.

7 김밥 김에 밥, 두부, 소고기, 참나물을 넣어 꼭꼭 말아준다.

• 참나물은 줄기 부분이 잎보다 질겨요. 데칠 때 줄기 부분을 세워서 먼저 넣고 15초 정도 데친 뒤에 잎 부분을 마저 넣어 데쳐 주세요.

# 오징어 참나물 무침

참나물은 잎이 질기지 않고 향이 좋아 생채로 많이 먹는 편이에요. 생채는 식초를 넣어 새콤하게 무치면 본래의 맛과 영양을 살릴 수 있어요. 참나물의 향긋함과 쫄깃쫄깃한 오징어의 조합은 새콤달콤한 소스와 잘 어우러지죠. 밥에 올려 비빔밥으로 먹어도 좋아요.

재료

4인 가족 분량
오징어 2마리
참나물 50g
오이 1/2개
양파 1/2개(100~120g)
소면 200g
참기름 약간
통깨 약간

오이 절임 양념
식초 1T
원당 1T

무침 양념
고춧가루 2T
고추장 2T
액젓 1T
원당 1T
식초 1T
매실액 2T
다진 마늘 2t

1 오징어는 껍질을 벗기고 몸통 안쪽에 칼집을 내서 자른 후 끓는 물에 1분 이내로 데친다.

2 오이는 어슷하게 썰고 [오이 절임 양념]을 넣어 15분 정도 절인다.

3 양파는 얇게 채 썰어 찬물에 담근다.

4 참나물은 깨끗이 씻어 물기를 털고 양파 길이대로 썬다.

5 그릇에 [무침 양념]을 섞어 둔다.

6 절인 오이를 손으로 꼭 짜고 양파는 체에 밭쳐 물기를 제거한다.

7 소면을 삶아 찬물에 씻어 체에 밭쳐 둔다.

8 볼에 오징어와 오이를 먼저 양념에 버무리고, 양파, 참나물을 더해 한 번 더 살살 버무린다.

9 소면과 함께 그릇에 옮겨 담고 참기름과 통깨를 뿌려준다.

- 구입한 참나물이 질기다면 삶아서 두부와 함께 무쳐 먹거나, 해산물, 고기류와 함께 전을 부쳐도 좋아요.
- 소면이 있어서 양념 양이 조금 많아요. 소면 없이 먹을 경우에는 양념을 반 정도만 만들면 돼요.
- 고추장은 안 매운 고추장(35쪽 참고)으로, 고춧가루는 파프리카 가루로 대체하면 아이와도 함께 먹을 수 있어요.

Autumn
가을

# 새우

탱글탱글하고 단맛이 나는 국내산 생새우는 8~10월이 제철이에요. 새우는 몸이 투명하고 윤기가 나며 껍질이 단단한 것을 고르는 것이 좋아요. 머리 부분의 내장이 검게 변한 것이나 껍질이 흐물거려 잘 까지지 않는 것은 신선도가 떨어지는 새우예요. 신선한 제철의 새우를 잘 손질해서 냉동 보관하면 제철 새우 맛 그대로 먹을 수 있어요.

## 새우 기본 손질

1 꼬리 물총, 머리 뿔, 다리와 수염을 가위로 잘라 제거한다.

2 이쑤시개로 등쪽의 내장을 제거한다(1의 상태로 냉동 보관하고, 조리 시에 해동하여 제거해도 된다).

3 용도에 맞게 손질 후 통에 담아 냉동 보관한다.

a 기본 손질 : 새우 찌개, 새우탕 등 국물 요리나 구이

b 기본 손질 + 껍질 제거 : 솥밥

c 기본 손질 + 껍질 + 머리 제거 : 튀김, 파스타, 리조또, 카레, 샐러드, 전

d 기본 손질 + 껍질 + 머리 + 꼬리 제거 : 튀김, 파스타, 리조또, 카레, 샐러드, 전

# 새우 두부볼

두부를 좋아하지 않는 아이들도 맛있게 먹을 수 있는 두부 요리예요. 겉은 바삭하고 속은 아주 촉촉해요. 새우에는 기본적인 감칠맛이 있기 때문에 따로 간을 하지 않아도 괜찮아요. 소스로는 칠리소스나 타르타르소스(175쪽 참고)가 잘 어울려요.

재료

4인 가족 분량
새우 10~15마리
두부 1/3모
달걀 1개
쌀가루 1T(반죽용)
쌀가루, 빵가루 적당량(튀김용)
식용유 충분히

1 손질한 새우는 다지고, 두부는 손으로 물기를 꼭 짠 후 으깬다(173쪽 새우 손질법 'd' 참고).

2 볼에 다진 새우, 물기 뺀 두부, 쌀가루를 넣어 1~2분 정도 치댄 후 동그랗게 빚는다.

3 그릇에 달걀을 풀어 달걀물을 만든다.

4 2에 쌀가루, 달걀물, 빵가루를 순서대로 입힌다.

5 팬에 식용유를 충분히 두르고 4를 중간 불로 튀긴다(또는 오일 스프레이를 뿌리고 에어프라이어 180도에서 10분 정도 굽는다).

- 2의 과정에서 다진 채소를 추가해도 좋아요.
- 납작하게 빚어 튀기면 새우버거나 새우까스로 활용할 수 있어요.
- 타르타르소스는 마요네즈, 그릭 요거트, 홀그레인 머스터드(생략 가능), 다진 양파, 레몬즙, 꿀 또는 올리고당, 소금을 섞어 직접 만들 수도 있어요.

# 새우 달걀 국수

새우와 달걀은 찰떡궁합이라 볶음밥, 찜, 전 등 함께 요리하면 맛있는 메뉴가 많아요. 국수에 다진 새우를 넣은 달걀을 풀면 새우를 통째로 넣은 것보다 부드러워서 아이들이 먹기 편하죠. 또 새우의 맛이 국물에 우러나서 따로 간을 하지 않아도 간간하고 감칠맛 나요.

재료 4인 가족 분량

| | |
|---|---|
| 소면 300g | 대파 20g |
| 새우 10~12마리 | 다진 마늘 2t |
| 달걀 3개 | 육수 1L |
| 애호박 40g | |
| 당근 20g | |

1 손질한 새우를 곱게 다진다(173쪽 새우 손질법 'd' 참고).

2 그릇에 달걀을 풀고 잘 섞은 뒤, 다진 새우를 넣어 한 번 더 섞는다.

3 애호박, 당근은 채 썰고, 대파는 잘게 썬다.

4 소면은 삶아서 물에 씻고 체에 밭쳐 물기를 뺀다.

5 냄비에 육수를 붓고 끓어오르면 2와 3, 다진 마늘을 넣고 2분 정도 더 끓인다.

6 삶은 소면을 국물에 토렴해 따뜻하게 데운 후 그릇에 담고 국물과 건더기를 올린다.

- 육수에 달걀을 풀 때는 휘젓지 않아야 국물이 탁해지지 않아요.

# 새우 밥도그

새우 모양을 살려 귀엽게 만든 새우 밥도그는 간단히 먹는 아침이나 간식으로 좋아요. 에어프라이어에 바삭하게 구워 담백하지요.

재료

4인 가족 분량
- 밥 2~3공기(350g 내외)
- 새우 8~10마리
- 애호박 40g
- 당근 30g
- 양파 1/4개(40~60g)
- 표고버섯 30g
- 밀가루(쌀가루) 적당량
- 달걀 1개
- 빵가루 적당량
- 식용유 약간(채소 볶는 용)
- 오일 스프레이(에어프라이어 굽는 용)

1 손질한 새우(173쪽 새우 손질법 'c')의 등쪽과 배쪽의 내장을 제거한다(내장을 제거하거나 끊어줘야 굽은 새우가 일자로 펴진다).

2 애호박, 당근, 양파, 표고버섯을 잘게 다진다.

3 팬에 식용유를 약간 두르고 2를 볶는다.

4 볼에 밥과 3을 넣어 잘 섞는다.

5 손질한 새우에 4의 밥을 감싸고 잘 뭉친다.

6 그릇에 달걀을 풀어 달걀물을 만든다.

7 5에 밀가루, 달걀물, 빵가루를 순서대로 묻혀준다.

8 오일 스프레이를 뿌리고 에어프라이어 180도에서 10~15분간 굽는다.

Autumn

# 밤호박

밤호박은 6~9월이 제철이에요. 밤호박은 단호박의 일종인데, 쪘을 때 밤 맛이 난다고 해서 붙여진 이름이에요. 낮은 열량에 비해 당도도 높고 비타민, 무기질 등 많은 영양소를 함유하고 있지요.

**밤호박 보관**

직사광선을 피해 실온에 보관하세요. 밤호박은 고구마처럼 숙성 기간을 거치면서 당도가 높아져요. 금방 따서 꼭지가 싱싱한 밤호박은 15일 정도 숙성 기간을 거쳐 꼭지가 마른 후에 먹으면 더 포슬포슬해요.

# 떠먹는 밤호박 피자 & 밤호박 샐러드

밤호박에 다양한 채소와 치즈를 넣어 맛있고 영양 좋은 떠먹는 피자를 만들어 보세요. 아이들과 함께 만들기 좋은 메뉴예요. 재료에 베이컨, 새우, 흰살생선 등을 추가해도 좋아요. 곁들인 샐러드는 새콤한 발사믹식초와 리코타 치즈의 고소함, 밤호박의 달콤한 맛을 한번에 느낄 수 있는 샐러드예요. 낮은 칼로리 대비 포만감이 있어 가벼운 식사로도 좋아요.

# { 떠먹는 밤호박 피자 }

재료

4인 가족 분량
밤호박 1개(400g 내외)
식빵 2장
모짜렐라 치즈 160g
빨간 파프리카 20g
노란 파프리카 20g
양파 20g
애호박 20g
파스타용 토마토소스 6T

1 밤호박을 잘라서 전자레인지에 3~4분 정도 익힌다.

2 잘 익은 밤호박은 포크로 으깬다.

3 파프리카와 양파는 채 썰고, 애호박은 반달로 썬다.

4 오븐 용기에 식빵을 깔고 토마토소스 2T를 발라준다.

5 4 위에 으깬 밤호박과 파프리카, 양파, 애호박을 올린다.

6 토마토소스 4T를 듬성듬성 올리고 모짜렐라 치즈를 올린다.

7 에어프라이어 180도에서 10분 정도 굽는다.

- 밤호박은 단단해서 잘게 자르기 쉽지 않아요. 전자레인지에 통째로 1분 정도 돌려 살짝 익었을 때 꺼내서 자르고 씨를 빼낸 후 좀 더 익혀주면 편해요.

# { 밤호박 샐러드 }

재료

4인 가족 분량
밤호박 1/2개(200g 내외)
어린잎 적당량
리코타 치즈 적당량

소스
발사믹식초 1T
올리브유 2T
꿀 0.5T

1 밤호박을 전자레인지에 3~4분 정도 익힌 후 적당한 크기로 자른다.

2 그릇에 [소스]를 모두 섞는다.

3 접시에 찐 밤호박, 어린잎, 리코타 치즈를 순서대로 올리고 소스를 뿌린다.

• 리코타 치즈 대신 페타 치즈, 생 모짜렐라 치즈, 부라타 치즈를 사용해도 좋아요.

# 밤호박 닭고기 수프

닭고기가 단백질을 든든하게 보충해주는 이 수프는 영양가도 풍부하고 소화도 잘 돼서 아침 식사로 특히 추천하는 메뉴예요. 식사빵과 간단한 샐러드를 곁들여 드셔 보세요.

재료

4인 가족 분량
- 밤호박 1개(400g 내외)
- 닭안심(또는 닭가슴살, 닭다리살) 300g
- 양파 1개(200~250g)
- 육수 800ml(또는 치킨스톡 1조각, 물 800ml)
- 토마토 퓌레 400ml(또는 토마토 3개 잘게 다진 것)
- 통조림 강낭콩 150g(국물 제외 중량, 생략 가능)
- 올리브유 약간
- 소금 약간
- 후추 약간

1. 밤호박은 껍질을 벗기고 적당한 크기로 썬다.
2. 양파는 채 썰고, 닭고기는 물로 깨끗이 씻어 먹기 좋은 크기로 썬다.
3. 팬에 올리브유를 약간 두르고 채 썬 양파를 중간 불로 볶는다.
4. 양파가 노르스름해지면 썰어 둔 닭고기와 밤호박을 순서대로 넣어 볶는다.
5. 닭고기가 익으면 육수, 토마토 퓌레, 강낭콩을 넣고 약한 불로 줄여 20분 정도 더 끓인다.
6. 소금, 후추로 간한다.

Autumn

# 연근

연근은 10~3월이 제철이에요. 비타민 C와 철분이 많아 빈혈에 좋고 지혈 효과가 우수해요. 풍부한 식이 섬유는 변비 예방에도 도움을 주지요. 연근은 아삭한 식감이 좋고 조리 후에는 특유의 향이 없어 솥밥이나 튀김, 전, 조림 등 다양한 조리법으로 먹을 수 있는 재료예요.

# 연근 들깨 리조또

연근 들깨 리조또는 생크림과 들깨의 부드러운 맛에 연근의 아삭함, 귀리쌀의 톡톡 터지는 재미가 더해져 온 가족 함께할 수 있는 별미 요리예요. 가을에 수확되는 들깨의 향과 맛이 연근 요리에 아주 잘 어울려요.

재료

4인 가족 분량
쌀 1컵
귀리쌀 1/2컵
연근 120g
양파 1/2개(100~120g)
육수 900ml
우유 180ml
생크림 80ml
들깻가루 2T
식용유 약간
소금 약간
파마산(또는 그라나파다노) 치즈 약간

1. 쌀과 귀리쌀을 깨끗이 씻어서 1시간 정도 물에 불린 후 체에 밭쳐 둔다.
2. 연근은 2mm 정도의 두께로 얇게 썰고 양파는 채 썬다.
3. 팬에 식용유를 약간 두르고 연근과 양파를 넣어 양파가 노릇해질 때까지 중간 불로 볶는다.
4. 불려 놓은 쌀과 귀리쌀을 넣어 쌀이 투명해질 때까지 볶는다.
5. 육수 600ml를 넣고 뚜껑을 닫아 약한 불로 밥을 짓듯 끓인다.
6. 물이 졸아들면 나머지 육수 300ml, 우유, 생크림, 들깻가루를 넣고 농도가 걸쭉해질 때까지 약한 불로 끓인다.
7. 소금으로 간을 한다.
8. 그릇에 담고 파마산 또는 그라나파다노 치즈 가루를 뿌린다.

- 육수는 물 900ml에 치킨스톡 1조각을 녹인 닭 육수를 사용하면 풍미가 더욱 좋아요.

# 연근 피자

밀가루 반죽 대신 연근을 얇게 썰어 만든 피자예요. 아삭하고 고소한 맛의 연근이 치즈와 잘 어울려요. 아이들 간식으로도 훌륭하지요.

재료

4인 가족 분량
연근 180g
모짜렐라 치즈 150g
방울토마토 6~8개
양파 30g
햄(또는 소시지, 베이컨) 약간
오일 스프레이

1. 연근을 얇게 썬다.
2. 방울토마토는 반 가르고 양파와 햄은 얇게 썬다.
3. 연근을 겹쳐 놓고 오일 스프레이를 뿌린 후 에어프라이어 또는 오븐 180도에서 4분 정도 굽는다.
4. 3 위에 모짜렐라 치즈, 방울토마토, 양파, 햄을 올리고 180도에서 윗면이 노릇해질 때까지 4분 정도 더 굽는다.

# 연근 소고기 전골

연근과 소고기는 궁합이 좋아요. 연근은 소고기에 함유된 단백질의 소화를 촉진하고 체내 흡수를 도와주는 역할을 한답니다. 찬바람이 불기 시작하는 가을, 달큰한 제철 배추를 더한 따뜻한 연근 전골 드시고 영양도 챙겨보세요.

재료

연근 소고기 샌드 (4인분)
- 연근 12조각(100~150g)
- 소고기(다짐육) 120g
- 부추 약간(연근 샌드 묶는 용)
- 쌀가루 1t
- 소금 약간
- 후추 약간

전골 재료
- 배추 8장
- 양파 1/2개(100~120g)
- 청경채 2개
- 표고버섯 2개
- 육수 1L
- 다진 마늘 1t
- 소금 약간

소스
- 육수 1T
- 간장 1T
- 식초 1T
- 원당 0.5T
- 매실액 0.5T

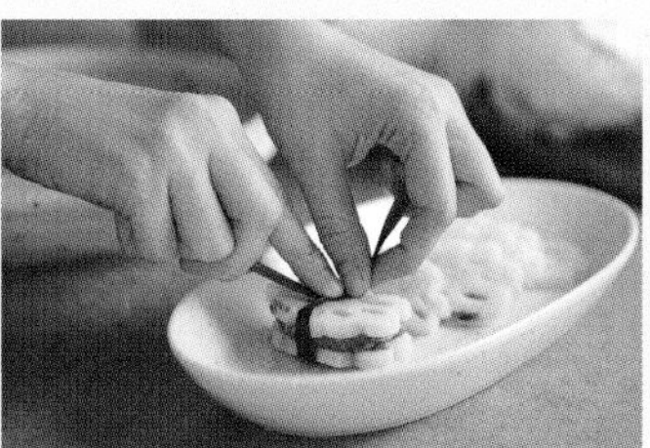

1 연근을 3mm 두께로 썰고 끓는 물에 30초 정도 데친 후 체에 밭쳐 둔다.

2 부추도 끓는 물에 10초 정도 데친다.

3 볼에 소고기, 쌀가루, 소금, 후추를 넣고 치댄다.

4 연근 두 장 사이에 3을 적당량 넣어 샌드를 만든 뒤 데친 부추로 묶어 준다.

5 배추는 3~4cm 크기로 썰고, 표고버섯은 채 썰거나 칼집으로 모양을 낸다. 양파는 채 썰고, 청경채는 잎을 낱장으로 떼어 씻은 뒤, 물기를 턴다.

6 냄비에 연근 샌드, 배추, 양파, 청경채, 표고버섯을 넣고 육수를 붓는다.

7 다진 마늘과 소금을 넣는다.

8 연근 샌드 속 소고기가 익을 때까지 10분 정도 끓인다.

- 연근 샌드는 반찬으로도 활용할 수 있어요. 밀가루와 달걀물을 순서대로 입혀 기름 두른 팬에 부쳐 전을 만들거나 에어프라이어에 돌려 연근 떡갈비로 먹어도 좋고, 간장 양념으로 조림을 만들어도 좋아요.
- [소스]를 만들어 찍어 드세요. 어른용은 다진 청양고추, 연겨자 등을 취향대로 추가해 주세요.
- 연근 샌드를 만들기 번거롭다면 불고기용 소고기를 활용해서 좀 더 간단히 만들어 먹을 수 있어요(아래 사진 참조). 불고기는 간장과 원당, 다진 마늘을 버무려 재웠어요. 국물에도 국간장 약간으로 간했어요.

# 연근 밤호박 떡구이

숙성된 밤호박은 당도가 높아요. 찹쌀과 반죽해서 팬에 굽거나 끓는 물에 익히면 쫀득하고 달콤한 건강 간식이 돼요. 구울 때 연근을 붙여 주면 모양도 예쁘고 영양도 좋아지지요.

재료

4인 가족 분량
밤호박 1개(400g 내외)
찹쌀가루 240g
연근 12조각(100~150g)
소금 0.5t
원당 2t
식용유 약간
조청 약간

1. 밤호박은 깨끗이 씻어 껍질을 벗기고 적당한 크기로 썰어 전자레인지에서 4분 정도 찐다.
2. 볼에 찐 밤호박을 으깨고, 식기 전에 찹쌀가루, 소금, 원당을 넣어 재료들이 잘 섞이도록 충분히 치대며 반죽을 만든다.
3. 연근은 얇게 썰어 끓는 물에 1분 정도 데친 후 키친타월로 물기를 제거한다.
4. 2의 반죽을 적당히 떼서 납작하게 빚고 연근을 붙인다.
5. 팬에 식용유를 약간 두르고 4를 앞뒤로 노르스름하게 약한 불로 굽는다.
6. 팬에서 꺼내 윗면에 조청을 발라준다.

- 과정 2에서 밤호박이 따뜻할 때 찹쌀가루와 섞어야 익반죽이 됩니다.

Autumn

# 도루묵

도루묵은 찬바람이 부는 11~12월이 제철이에요. 주로 노릇하게 구워 먹거나 빨갛게 조림을 해 먹지요. 꽉 찬 알이 쫀득하면서 톡톡 터지는 재미가 있어 아이들도 좋아해요. 도루묵은 철이 아주 짧고, 강원도 고성이나 주문진 등 산지 근처에서는 쉽게 볼 수 있지만 일반 마트에서는 구입하기 쉽지 않은 생선이에요. 요즘은 인터넷으로 주문하면 현지에서 바로 배송해 주는 업체들도 많으니 도루묵 철에 맞춰 꼭 드셔 보세요.

# 도루묵 조림

재료

4인 가족 분량
도루묵 8~10마리
무 200g
대파 40g
홍고추 2개(생략 가능)

양념
간장 4T
고춧가루 2T
고추장 1T
원당 1t
맛술 1T
다진 마늘 1T
생강가루 약간

1 무를 납작하게 썰고 대파와 홍고추는 어슷하게 썬다.

2 냄비에 무를 넣고 물을 자작하게 부어 끓인다.

3 그릇에 [양념]을 모두 섞는다.

4 2의 무가 투명하게 익으면 도루묵을 넣고 [양념], 대파, 홍고추를 올린다.

5 도루묵이 익고 양념이 밸 때까지 10분 정도 더 끓여준다.

- 도루묵 살은 부드러워서 조림을 하면 으스러지기 쉬운데, 조리 전에 미리 소금을 조금 뿌려 두면 살이 단단해져서 덜 흐트러져요.
- 조리는 동안 도루묵을 뒤집으면 살이 흐트러지니 그대로 두고 조려 주세요.
- 같은 시즌에 많이 나오는 양미리도 이 레시피로 조리하면 맛있어요.

Autumn

# 삼치

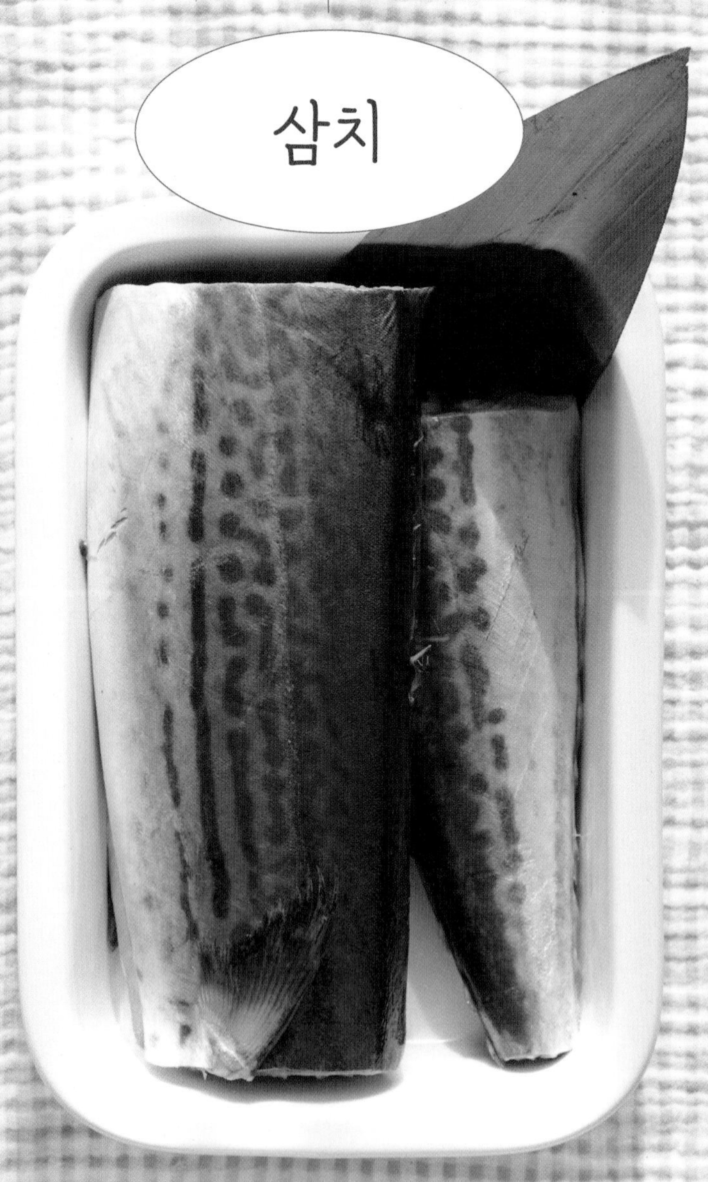

삼치는 바닷물이 차가워지기 시작하는 10월부터 2월까지가 제철이에요. 살에 기름이 올라 고소해요. 고등어, 꽁치처럼 등 푸른 생선 중 하나로 오메가3 지방산인 DHA가 많아 성장기 아이들에게 아주 좋은 생선이지요. 살이 많고 비린 맛이 덜해 다양하게 조리하기 좋아요.

# 삼치 묵은지 샐러드

삼치는 조림이나 구이로 많이 해 먹지만 묵은지, 유자청과 함께 상큼하게 샐러드처럼 먹어도 맛있어요. 이맘때 유자도 수확이 되는데 둘의 궁합이 좋아요. 삼치는 단백질이 풍부하고 유자는 비타민 C를 많이 함유하고 있어서 함께 먹으면 서로 부족한 영양을 채워준답니다.

**재료**

어른 2인 기준
가시 제거한 삼치
(또는 순살 삼치)200g 내외
물에 헹궈 물기 짠 묵은지 80g
양파 1/4개(40~60g)
부추 30g
식용유 충분히
들기름 1t

양념
간장 1T
식초 1T
유자청 1T
맛술 2t
다진 마늘 0.5T
청양고추 1개 다진 것

1 삼치는 살만 발라내어 식용유를 충분히 두른 팬에 튀기듯이 굽고난 뒤, 먹기 좋은 크기로 썬다.

2 묵은지는 양념을 물에 헹궈내고 꼭 짠 뒤, 채 썬다.

3 양파는 채 썰고 부추는 양파 길이대로 썬다.

4 그릇에 [양념]을 섞는다.

5 볼에 1~3을 담고 4를 넣어 버무린 후 들기름을 두르고 한 번 더 버무려준다.

• 삼치 대신 고등어나 새우, 오징어 등 해산물을 사용해도 좋아요.

# 삼치 덮밥

삼치는 살이 많고 비린내가 적어 덮밥으로 먹기 좋아요. 달콤 짭짤한 간장 양념에 고소한 삼치 살을 조려서 밥 위에 올려 먹는 덮밥은 간단하고 아이들도 좋아해요. 요즘은 가시를 제거하고 손질한 생물 삼치를 쉽게 구할 수 있어서 간편하게 요리할 수 있어요.

재료

4인 가족 분량
가시 제거한 삼치(또는 순살 삼치) 500g 내외
양파 1/2개(100~120g)
달걀 2개
대파 40g(고명용)
식용유 약간

양념
간장 2.5T
조청 1.5T
원당 1.5T
맛술 1.5T
물 6T

1 손질한 삼치를 흐르는 물에 씻고 키친타월로 물기를 제거한다.

2 달걀 지단을 부쳐 채 썰고, 양파도 채 썰고, 대파는 잘게 썬다.

3 팬에 식용유를 약간 두르고 삼치를 앞뒤로 노릇하게 중간 불로 굽는다.

4 삼치를 접시에 꺼내 놓고 팬에 그대로 양파를 노르스름하게 볶는다.

5 꺼내 놓은 삼치를 다시 팬에 넣고 [양념]을 더해 양파와 함께 국물이 졸아들 때까지 조린다.

6 밥 위에 5를 올리고 달걀 지단과 잘게 썬 대파를 올려준다.

• 기호에 따라 레몬즙, 마요네즈를 뿌려 드세요.

Autumn

# 대추

9~10월이 제철인 대추는 추운 겨울이 오기 전 몸을 따뜻하게 하고 면역력을 강화해 줄 건강한 식재료예요. 가을 대추는 과일처럼 생으로 먹어도 달고 수분이 가득하지요.

# 대추고 & 대추고 활용 요리

대추는 삼계탕이나 갈비탕, 갈비찜 등의 부재료로 쓰이는 경우가 일반적이지만, 대추고는 대추가 주인공이에요. 고급스러운 대추의 향을 그대로 느낄 수 있지요. 대추고는 활용도도 좋아요. 대추차나 대추 라떼 같은 음료도 쉽게 만들 수 있고, 떡이나 머핀, 팬케이크, 와플 등 디저트 메뉴에도 활용하기 좋아요. 또 조림이나 찜 음식에 설탕, 올리고당, 조청 대신 사용할 수도 있어요.

# { 대추고 만들기 }

재료 | 건대추 500g
물 3L

1 대추는 깨끗이 씻어 냄비에 담아 따뜻한 물을 붓고 2시간 정도 불린다.

2 불린 대추를 다시 한 번 씻어 냄비에 물 3L와 함께 넣고 중간 불로 끓인다.

3 물이 끓어오르면 약한 불로 줄여 대추가 무를 때까지 2시간 정도 끓인다(물이 졸아들면 계속 해서 물을 추가하며 끓인다).

4 대추가 무르면 체에 건져 대추 끓인 물(또는 물)을 부어가며 으깨면서 껍질과 씨를 분리한다.

5 걸러낸 대추 속을 다시 냄비에 넣고 수분을 날려가며 졸여준다.

6 걸쭉해지면 불을 끄고 소독한 병에 담아 냉장(또는 냉동) 보관한다.

## { 대추고 등갈비찜 }

등갈비에 월계수 잎, 대파, 양파, 마늘 등을 넣어 삶아 물을 버리고, 다시 냄비에 대추고, 간장, 조청 등의 양념을 넣어 조립니다.

## { 대추고 약밥 }

전기밥솥에 불린 찹쌀과 간장, 원당, 대추고와 밤, 잣 등을 넣어 백미 취사로 밥을 지은 후, 참기름을 넣어 잘 섞은 뒤에 그릇에 넣어 식힙니다.

# { 대추고 떡 케이크 }

떡 케이크는 설기 위에 앙금이나 건과일, 생과일 등 원하는 재료로 장식을 해서 만들어요. 설기는 기본 재료인 습식 쌀가루, 설탕, 물에 여러 가지 부재료를 혼합해 다양한 색감과 맛을 내요. 설기를 만들 때 습식 쌀가루, 설탕, 물의 비율은 1컵, 1T, 1T예요. 재료를 추가할 때는 부재료에 따라 물과 설탕의 비율을 조절해요. 예를 들어 부재료에 수분이 많으면 물의 양을 조금 줄이고 단맛이 많이 나면 설탕의 양을 조금 줄여요. 대추고는 단맛이 많이 나고 수분감이 있기 때문에 설탕과 물의 양을 조금 줄여서 만들어요. 대추고 설기는 은은한 단맛과 고급스러운 향이 정말 좋아요.

**재료**
지름 18cm 케이크 기준
- 습식 쌀가루 8컵
- 대추고 10T
- 설탕 5T
- 물 2T

**도구**
- 케이크 무스 링 2호
- 볼(가루 섞는 용)
- 체(가루 내리는 용)
- 대나무 찜기
- 면포 또는 실리콘 찜 시트
- 스크래퍼 또는 주걱

- 습식 쌀가루는 물에 불린 쌀을 빻은 가루예요. 떡을 찔 때 사용하고 떡갈비나 전 같이 가루류를 조금 넣어야 하는 요리에도 이용하면 좋아요. 인터넷 쇼핑몰에서 방앗간에서 빻은 습식 쌀가루를 손쉽게 구할 수 있어요.
- 필링으로 견과류나 건포도, 크랜베리 등의 건과일을 넣어 씹는 맛을 더해 보세요.
- 케이크틀 대신 머핀틀을 이용해도 좋아요. 머핀틀에 3을 넣고 찜기에 15분 정도 쪄주세요.

1 볼에 습식 쌀가루를 넣고 대추고 6T와 물을 넣어 손으로 잘 비벼가며 섞어준다.

2 1을 체에 두 번 곱게 내려준다.

3 2에 설탕을 넣어 손으로 대충 빠르게 섞는다.

4 찜기를 올릴 냄비에 물을 넣고 끓인다.

5 찜기 위에 면포나 실리콘 찜 시트를 깔고 무스 링을 올린다.

6 무스링 속에 3을 반 정도 넣고, 대추고 4T를 덤벙덤벙 올려준다.

7 나머지 3을 모두 넣고 윗면을 스크래퍼 또는 주걱으로 고르게 정리한다.

8 물이 끓는 냄비 위에 7을 올린다.

9 중간 불로 5분 정도 찐 후 무스 링을 제거하고 약한 불로 25분 정도 더 찐다.

10 불을 끄고 5분 정도 뜸을 들인다.

- 쌀가루에 물을 줄 때(과정 1) 대추고 묽기에 따라 물을 조절해 주세요. 물 주기 후, 가루를 손으로 꼭 쥐었다 폈을 때 모양이 흐트러지지 않아야 합니다.

Autumn

# 배추

배추의 제철은 추워지기 시작하는 늦가을부터예요. 배추에는 비타민 C가 풍부하게 들어 있어 겨울철 감기 예방과 면역력 증진에 도움을 줘요. 제철 배추는 잎에 수분이 풍부해 식감이 부드럽고 소화가 잘 돼요. 식이 섬유가 많아 변비에도 도움이 되지요.

# 배추 찹쌀 순대

소화가 잘 되는 찹쌀을 배추와 함께 찌면 위장에 부담되지 않아 아이들이 먹기에도 좋아요. 해물의 감칠맛과 겨울 배추 단맛의 조화가 좋고 찹쌀이 들어 있어 한 끼 식사로도 든든해요.

재료

4인 가족 분량
찹쌀 1.5컵
배추 10장
오징어 1개 몸통 부분
새우 6~7마리
당근 40g
표고버섯 1개
빨간 파프리카 30g
대파 20g
다진 마늘 0.5t
소금 약간
후추 약간
물 1.5컵

1 찹쌀을 깨끗이 씻고 1시간 정도 물에 불린 후 체에 밭쳐 둔다.

2 오징어, 새우, 당근, 표고버섯, 빨간 파프리카, 대파를 잘게 다진다.

3 볼에 찹쌀과 2, 다진 마늘, 소금, 후추를 넣고 잘 섞는다.

4 냄비에 3과 물 1.5컵을 넣고 15분간 약한 불로 끓여 찹쌀밥을 짓는다.

5 불을 끄고 5분 정도 뜸을 들인다.

6 배추는 줄기가 부드러워지도록 끓는 물에 살짝 데친 후 손으로 물기를 꼭 짠다.

7 배추를 펼치고 한 김 식힌 5의 찹쌀밥을 넣고 잘 말아준다.

- 배추를 제외한 모든 재료를 전기밥솥에 넣고 밥을 지은 후 찐 배춧잎에 말면 간편하게 조리할 수 있어요.
- 간장 1T, 식초 1T, 유자청 1T, 물 1T로 유자 폰즈소스를 만들어 찍어 드세요.

# 배추 소고기 찜

배추는 한국인의 식탁에서 빼놓을 수 없는 식재료지요. 일년 내내 배추를 먹지만 가을에 수확되는 배추는 고소하고 달큰해서 생으로 먹고 국으로 끓여 먹고 볶아 먹고 다양하게 조리해 먹는데, 그중 가을 배추의 맛을 제대로 느낄 수 있는 조리법은 역시 찜이에요. 소고기와 함께 찜기에 찌기만 해도 일품요리 못지않아요. 또한 배추에 부족한 단백질은 소고기가 보충해주기 때문에 영양 면에서도 완벽하지요.

재료

4인 가족 분량 (기호에 따라 가감)
배추 500g
샤브샤브용 소고기 500g
숙주 200g
팽이버섯 1봉지
청경채 3개
당근 약간

소스
간장 1T
원당 1T
식초 1T

1 찜기에 모든 재료를 넣는다.

2 냄비에 물을 넣고 찜기를 올려 10분 정도 찐다.

3 그릇에 [소스]를 만든다.

- 원당 대신 유자청이나 레몬청을 사용하면 상큼함이 더해져요.
- 어른들은 청양고추를 추가해서 매콤하게 먹으면 좋아요.

Autumn

# 꼬막

꼬막은 찬바람이 부는 11~3월이 제철이에요. 겨울철 꼬막은 살이 꽉 차서 탱글탱글하고 달큰한 맛이 나요. 꼬막은 새꼬막, 참꼬막, 피꼬막으로 분류되는데 마트나 식당에서 자주 보는 것이 양식 꼬막인 새꼬막이에요. 새꼬막은 삶아서 간장 양념을 올려 반찬으로 먹거나 꼬막 비빔밥, 초무침을 주로 해 먹지요.

## 꼬막 손질하기

꼬막은 삶는 과정이 가장 중요해요. 오래 삶으면 살이 쪼그라들고 질겨져서 10개 정도 입을 벌리기 시작할 때 건져야 해요. 요즘 마트나 온라인에서 구입하는 꼬막은 어느 정도 해감이 되어 나오기 때문에 오래 해감할 필요는 없지만, 아이들과 함께 먹는 꼬막이라면 집에서 꼼꼼하게 한 번 더 해감해 주세요.

1. 꼬막을 볼에 담아 흐르는 물에 깨끗이 문질러 씻는다. 깨진 껍데기가 섞여 있어 손을 다칠 수 있으니 장갑을 끼는 것이 좋다.
2. 볼에 꼬막이 잠길 정도로 찬물을 넣고 소금을 약간 넣어 검은 봉지나 신문지를 덮어 냉장실에서 1~3시간 정도 해감한다.
3. 해감이 끝난 후 흐르는 물에 문질러가며 씻는다.
4. 냄비에 물을 넣고 끓으면 꼬막을 넣어 한쪽 방향으로 저어주면서 삶는다.
5. 꼬막이 입을 벌리기 시작하면 불을 끄고 1분간 뜸을 들인 후 건져낸다.
6. 입이 안 벌어진 꼬막은 숟가락으로 뒤쪽을 비틀어서 열어준다.
7. 꼬막 속살은 흐르는 물에 한 번 더 가볍게 헹궈준다.

# 미나리 꼬막 비빔밥

꼬막 비빔밥은 마지막에 두르는 들기름이 포인트인데 이맘때 수확되는 들깨로 짠 햇들기름을 넣으면 훨씬 맛이 좋아요. 꼬막은 미나리, 참나물, 새싹과 같이 향이 좋은 채소와 잘 어울려요. 미나리는 봄이 제철이지만 요즘은 하우스 재배로 마트에서 언제든지 쉽게 구할 수 있는 식재료이기도 하고, 꼬막과 함께 섭취하면 철분 함량을 높이고 피를 맑게 하는 효과가 있어 궁합이 아주 좋지요.

| 재료 | 어른 2인분 | 양념 |
|---|---|---|
| | 삶은 꼬막 200g | 간장 2T |
| | 미나리 50g | 멸치액젓 2t |
| | 쪽파 20g | 고춧가루 1.5T |
| | 고추(홍고추 1개, 청양고추 2개) | 원당 2t |
| | 들기름 1T | 매실 2t |
| | 통깨 약간 | 다진 마늘 1.5T |

1 꼬막은 삶아서 살만 분리한다. 미나리는 먹기 좋은 길이로 썰고 쪽파와 고추는 잘게 썬다.

2 볼에 삶은 꼬막을 담고 [양념]을 넣어 섞는다.

3 2에 미나리, 쪽파, 고추를 더해 살살 버무린다.

4 그릇에 밥을 담고 3을 올린 후 들기름, 통깨를 뿌린다.

## { 어린이 꼬막 비빔밥 }

| 재료 | 어린이 2인분 | 양념 |
|---|---|---|
| | 삶은 꼬막 70g | 간장 0.5T |
| | 들기름 0.5T | 매실 0.5t |
| | 통깨 약간 | 육수(또는 물) 0.5t |
| | 김 가루 약간 | |

1 그릇에 밥, 삶은 꼬막, [양념]을 넣고 섞는다.

2 김 가루와 들기름, 통깨를 뿌린다.

# 꼬막 냉채

꼬막 냉채는 삶은 꼬막과 다양한 생채소들을 상큼한 소스에 버무려 먹는 메뉴예요. 매콤하게 먹는 꼬막 비빔밥과는 또 다른 깔끔한 매력이 있어요. 소스에 잘 섞어서 깻잎이나 라이스페이퍼, 쌈무에 말아서 즐겨도 좋아요. 연겨자만 빼면 아이들도 함께 먹을 수 있어요.

재료

어른 2인 기준
- 삶은 꼬막 200g
- 빨간 파프리카 50g
- 노란 파프리카 50g
- 양파 1/4개(40~60g)
- 적채 50g
- 당근 40g
- 무순 30g

소스
- 간장 1.5T
- 원당 1.5T
- 식초(또는 레몬즙) 2T
- 맛술 1t
- 연겨자 1t
- 다진 마늘 0.5T

1. 꼬막을 삶아서 속살만 분리한다.
2. 채소는 깨끗이 씻어 무순을 제외하고 모두 채 썬다.
3. 그릇에 [소스]를 모두 넣어 섞는다.
4. 접시에 꼬막과 채소를 담고 소스를 넣는다.

Autumn
홍가리비
Made in Indones

홍가리비의 제철은 11~12월이에요. 시중에서 볼 수 있는 가리비는 홍가리비, 해만 가리비, 참가리비, 비단 가리비 등이 있는데 이 시기에 가장 많이 볼 수 있는 것은 홍가리비와 해만 가리비예요. 홍가리비는 통영, 고성에서 주로 서식하는데 사이즈는 작은 편이지만 가격이 저렴하고 단맛이 좋아 제철에 꼭 한 번은 구입해서 먹지요.

## 홍가리비 손질하기

1 가리비는 흐르는 물에 솔로 껍데기를 깨끗이 문지르면서 씻어준다.

2 볼에 가리비가 잠길 정도로 찬물을 넣고 소금을 약간 넣어 검은 봉지나 신문지를 덮어 냉장실에서 1시간 정도 해감한다(가리비는 펄에 사는 조개가 아니기 때문에 해감을 오래하지 않아도 된다).

3 해감이 끝난 후, 흐르는 물에 헹군다.

# 홍가리비 찜 & 구이

찬바람이 불면 가리비의 단맛이 올라오고 살이 통통하게 오르는데, 이 맛을 느끼기에는 찜이나 구이가 가장 좋아요. 가리비는 고단백 식품이고 필수 아미노산이 풍부해 아이들에게도 아주 좋은 식재료이지요. 기본적인 짠맛이 있기 때문에 아이들은 찜기에 쪄서 그냥 먹어도 좋고 허니 버터 소스를 발라 오븐이나 에어프라이어에 한 번 더 구워줘도 좋아요.

재료

4인 가족 분량

홍가리비 원하는 만큼

초고추장 소스 또는 허니 버터 소스(223쪽 참고)

## { 초고추장 소스 }

재료

- 고추장 1T
- 식초 0.5T
- 원당 0.5T
- 다진 마늘 0.5T
- 물 1T

1 손질한 가리비를 찜기에 넣고 7분 정도 찐다.

2 그릇에 재료를 모두 섞는다.

3 찐 가리비의 한쪽 껍데기를 제거하고 소스를 올린다.

• 어슷 썬 청양고추, 무순 등을 곁들여 드세요.

## { 허니 버터 소스 }

재료

- 버터 20g
- 꿀 1T
- 다진 마늘 0.5T
- 파마산 치즈 2T(또는 모짜렐라 치즈 약간)
- 파슬리 가루 약간

1 손질한 가리비를 찜기에 넣고 7분 정도 찐다.

2 그릇에 녹인 버터, 꿀, 다진 마늘을 섞어 소스를 만든다.

3 찐 가리비의 한쪽 껍데기를 제거하고 2의 소스, 파마산 치즈(또는 모짜렐라 치즈), 파슬리 가루를 올린다.

4 에어프라이어 180도에서 윗면이 노릇해질 때까지 5분 정도 굽는다.

# 홍가리비 백짬뽕

비린 맛이 별로 없고 담백한 가리비는 국물 요리와 잘 어울려요. 가리비 자체에 간간하고 달콤한 맛이 있어 국물이 시원하고 깊어요. 탕으로 먹어도 좋고, 칼국수면, 수제비, 떡국 떡을 활용해도 좋아요.

재료

4인 가족 분량

- 생 칼국수면 600g
- 가리비 500g(15개 정도)
- 배추 5~6장
- 양파 1/2개(100~120g)
- 당근 30g
- 청경채 2개
- 목이버섯 40g
- 대파 20g
- 다진 마늘 1T
- 육수 1.2L
- 식용유 약간
- 소금 약간

1 홍가리비를 손질하고, 배추는 깨끗이 씻어 2~3cm 정도 크기로 썬다.

2 양파와 당근은 채 썰고, 대파는 양파 길이대로 썬다. 청경채는 잎을 낱장으로 떼어 씻고 물기를 털어 둔다.

3 목이버섯은 깨끗이 씻는다.

4 팬에 식용유를 약간 두르고 다진 마늘, 채 썬 양파를 중간 불로 노르스름하게 볶는다.

5 당근을 더해 볶다가 육수와 배추, 대파, 목이버섯을 넣는다.

6 배추가 익으면 가리비, 청경채를 넣는다.

7 소금으로 간한다(굴소스 또는 멸치액젓으로 간하면 감칠맛을 더 낼 수 있다).

8 면을 삶아 찬물에 씻은 뒤 7의 국물에 토렴해서 그릇에 담는다.

9 면 위에 국물과 건더기를 담는다.

- 어른들은 청양고추, 홍고추, 후추를 추가해 칼칼하게 드시면 맛있어요.

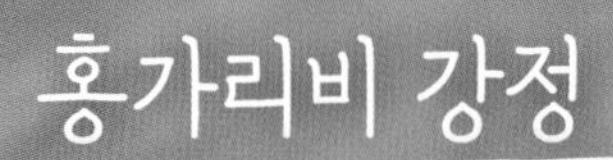

# 홍가리비 강정

가리비의 참맛을 느끼기에는 찜이나 구이가 좋지만 달콤한 소스에 버무린 강정도 별미예요. 아이들도 반기는 메뉴라 온 가족 함께 즐기기 좋아요.

재료

4인 가족 분량
가리비 1kg
전분 가루 적당량
식용유 충분히
땅콩 가루(또는 통깨) 약간

양념
고추장 2t
케첩 1T
간장 2t
조청 1T
원당 2t
맛술 2t
다진 마늘 0.5t
물 5T

1 홍가리비를 깨끗이 손질하여 찜기에 7분 정도 찐다.

2 찐 가리비의 껍데기를 분리하고 키친타월로 물기를 가볍게 제거한다.

3 2에 전분 가루를 골고루 묻힌 후 5분 정도 둔다.

4 팬에 식용유를 충분히 두르고 3을 노릇하게 튀긴다.

5 팬에 [양념]을 넣어 바글바글 끓이다가 튀긴 가리비를 넣어 바짝 졸여준다.

6 그릇에 담고 기호에 따라 땅콩 가루 또는 통깨를 뿌린다.

Winter
겨울

# 시래기

시래기는 겨울철에 가격이 비싼 생채소들을 대신해서 많이 먹는 묵나물 중 하나예요. 추위에서 얼었다 녹았다를 반복하며 건조되는 동안 시래기에 포함된 식이 섬유는 3~4배나 늘어나고, 비타민, 필수 미네랄 등의 영양소도 매우 풍부하답니다. 주로 찜이나 탕, 조림의 부재료로 쓰이지만 메인 재료만큼 인기가 많지요.

# 시래기 바지락죽

바지락의 감칠맛을 더해 푹 끓여낸 시래기죽은 구수하고 부드러워요. 시래기는 맛과 영양 면에서 들기름과 궁합이 아주 좋답니다. 들기름은 발연점이 낮아 쌀을 볶을 때는 약한 불로 은은하게 볶는 것이 좋고, 완성된 죽에 들기름 한두 방울 더 넣어 섞어 먹으면 향이 아주 좋아요.

재료

4인 가족 분량
- 쌀 1.5컵
- 삶은 시래기 50g
- 바지락 500g
- 물 500mL
- 국간장 1t
- 들기름 약간
- 통깨 약간

1 바지락을 소금물에 담가 냉장고에서 30분 정도 해감하고 흐르는 물에 문지르면서 씻는다.

2 쌀을 깨끗이 씻어서 1시간 정도 물에 불린 후 체에 밭쳐 둔다.

3 시래기는 삶아서 껍질을 벗기고 깨끗이 씻어 물기를 꼭 짜고 잘게 썬다.

4 냄비에 손질한 바지락과 물을 넣고 끓인다.

5 바지락 입이 벌어지면 면포(또는 체)에 걸러 바지락과 국물을 분리한다.

6 바지락은 살만 분리한다.

7 냄비에 들기름을 약간 두르고 쌀을 넣어 투명해질 때까지 약한 불로 볶는다.

8 잘게 썬 시래기를 넣고 2분 정도 더 볶는다.

9 5에서 걸러 둔 국물을 붓고 저어가며 약한 불로 끓인다. 육수가 졸아들면 쌀이 푹 익을 때까지 물을 조금씩 추가해가며 익힌다.

10 쌀이 부드럽게 익으면 6에서 분리해 둔 바지락을 넣고 국간장으로 간한 뒤, 1분 정도 더 끓인다.

11 그릇에 담고 들기름과 간 통깨를 뿌린다.

- 마른 시래기를 구입한 경우, 물에 2시간 이상 불렸다가 냄비에 물을 넉넉히 붓고 줄기가 물러질 때까지 삶아야 해요. 삶은 시래기는 껍질을 벗겨줘야 부드럽게 먹을 수 있어요. 줄기 부분을 손으로 살짝 눌러 분리되는 껍질을 잡고 쭉 벗기면 됩니다.

- 시중에 판매되는 삶은 시래기도 껍질을 벗기지 않은 상태가 대부분이에요. 아이들과 함께 먹는 시래기 요리는 시래기 껍질을 꼭 벗겨서 부드럽게 조리해 주세요.

- 요즘은 껍데기를 제거한 바지락 살을 쉽게 구입할 수 있어요. 바지락 살을 사용할 경우 과정 1, 4, 5, 6은 생략하고, 깨끗하게 한 번 헹궜다가 과정 9에서 물과 함께 넣고 끓여주면 돼요.

- 곤드레나물, 취나물 등 다양한 겨울철 묵나물을 활용해 만들어 보세요.

# 시래기말이 튀김

시래기말이 튀김은 시래기와 돼지고기로 만든 소를 춘권피에 돌돌 말아 기름에 튀긴 요리예요. 시래기의 식이 섬유는 돼지고기의 콜레스테롤을 잡아주고 소화를 도와줘서 함께 먹으면 좋아요. 튀김은 사실 뭘 해도 맛있지요. 기름 찬스를 이용해 몸에 좋은 시래기를 듬뿍 섭취해 보세요.

재료

15개 분량
- 춘권피 15장
- 삶은 시래기 100g
- 돼지고기(다짐육) 150g
- 당근 20g
- 대파 20g
- 식용유 충분히

양념
- 간장 1t
- 국간장 1t
- 쌀가루 1T

1 삶은 시래기를 잘게 썰고 당근과 대파는 다진다.

2 볼에 1과 돼지고기와 [양념]을 넣고 잘 치댄다.

3 춘권피에 2를 넣어 돌돌 말아준다.

4 팬에 식용유를 충분히 두르고 3을 노릇하게 튀긴다(또는 오일 스프레이를 뿌리고 에어프라이어 180도에 7~8분 정도 굽는다).

- 시래기 대신 취나물, 곤드레나물 등 다양한 말린 나물을 사용해도 좋고 반찬으로 먹고 남은 나물 반찬을 활용해도 좋아요.

Winter

# 굴

굴은 제철인 10~12월에 살이 올라 통통하고 영양가도 가장 높아요. 칼슘 함량이 높아 '바다의 우유'라고도 불리고 단백질, 비타민 등의 영양소도 많이 포함되어 있지요. 또 타우린 성분이 들어 있어 피로 해소에도 좋아요. 굴을 고를 때는 속살이 통통하고 유백색이며 검은 테두리가 선명한 것을 고르세요.

## 굴 손질하기

1 굴을 잘 살펴보고 껍데기가 만져지면 떼어 낸다.

2 소금물을 넣은 볼에 굴을 넣은 체를 담가 흔들면서 불순물을 체 밖으로 밀어내듯 씻는다.

3 물을 2~3번 갈아가면서 체를 흔들어 굴을 깨끗이 헹군다.

# 굴국수

굴은 끓이면 국물이 뽀얗게 우러나고 시원해서 국물 요리를 하기에 좋아요. 칼국수, 수제비, 국밥, 떡국 등으로 기호에 맞게 변주하여 국물 맛을 즐겨 보세요.

재료

4인 가족 분량
소면 300g
굴 250g
숙주 80g
쑥갓 30g
육수 1.2L

양념
국간장 1T
다진 마늘 0.5T
소금 약간

1 굴과 숙주는 깨끗이 씻어 체에 밭치고 쑥갓은 씻어서 물기를 턴다.

2 냄비에 육수를 넣고 끓어오르면 굴과 숙주를 넣고 3분 정도 끓인다.

3 [양념]을 넣어 간한다.

4 소면을 삶아 찬물에 헹구고 체에 밭쳐 물기를 뺀다.

5 소면을 3에 따뜻하게 토렴해 그릇에 담고 쑥갓을 올려 국물을 붓는다.

- 칼국수면, 수제비, 떡국 떡 등을 사용할 때는 과정 2에서 육수에 굴과 함께 넣고 끓이다가 숙주와 양념을 넣어 주세요.
- 숙주 대신 미역을 넣어도 잘 어울려요.

# 굴 무 솥밥

가을부터 겨울까지 수확되는 무는 생으로 먹어도 맛있을 정도로 달고 시원해요. 굴과 무를 넣고 솥밥을 지으면 재료 자체에서 우러나오는 감칠맛이 일품이에요.

재료

| 4인 가족 분량 | 양념장 |
|---|---|
| 쌀 1.5컵 | 잘게 썬 부추 20g |
| 굴 300g | 육수(또는 물) 1T |
| 무 150g | 간장 2T |
| 두부 1/3모 | 참기름 1T |
| 물 1.5컵 | 원당 0.5T |
| | 통깨 0.5T |

1 쌀을 깨끗이 씻어서 1시간 정도 물에 불린 후 체에 밭쳐 둔다.

2 굴은 깨끗이 씻는다.

3 무는 도톰하게 채 썰고 두부는 먹기 좋은 크기로 썬다.

4 솥에 불린 쌀과 채 썬 무, 물을 붓고 10분 정도 약한 불로 끓인다.

5 굴과 두부를 올리고 5분 정도 더 끓인다.

6 불을 끄고 5분 정도 뜸을 들인다.

7 살살 섞은 뒤 그릇에 담고 [양념장]을 곁들인다.

- 1의 불리기 과정을 생략하고 모든 재료를 전기밥솥에 넣고 백미 취사로 밥을 지어도 좋아요
- 어른은 양념장에 청양고추, 고춧가루를 추가해서 드세요.
- 조미되지 않은 구운 김에 싸 먹으면 맛있어요.

# 굴 순두부 그라탕

부드러운 굴과 순두부에 화이트소스로 고소함을 더한 그라탕이에요. 연말에 가족, 친구들과 함께 먹기 좋은 메뉴이지요. 조리 시 굴과 순두부가 가지고 있는 수분을 최대한 제거하고 오븐에 구워야 국물이 생기지 않아요. 굴을 볶을 때 청주나 화이트와인을 조금 추가해주면 비린 맛을 잡는 데 도움이 돼요.

재료

4인 가족 분량
굴 150g
순두부 한 봉지(350g)
양파 20g
대파 15g
모짜렐라 치즈 100g
빵가루 약간
올리브유 약간

화이트소스
버터 15g
밀가루 1T
우유 150ml
소금 약간
후추 약간

1 굴을 깨끗이 씻어 체에 밭쳐 물기를 뺀다.

2 순두부는 물기를 제거한다(그릇에 두면 물이 빠져나온다. 체에 면포나 키친타월을 깔고 올려두어도 좋다).

3 양파는 채 썰고 대파는 잘게 썬다.

4 팬에 올리브유를 약간 두르고 양파와 대파를 볶다가 양파가 노릇해지면 굴을 넣어 익힌다.

5 화이트소스를 만들기 위해 팬에 버터를 약한 불로 녹이고 밀가루를 넣어 타지 않게 볶는다.

6 우유를 넣어 잘 섞어주고 소금, 후추를 약간 넣는다.

7 오븐 용기에 순두부, 4, 화이트소스, 모짜렐라 치즈, 빵가루를 순서대로 올려 에어프라이어(또는 오븐) 180도에서 윗면이 노릇해질 때까지 10분 정도 굽는다.

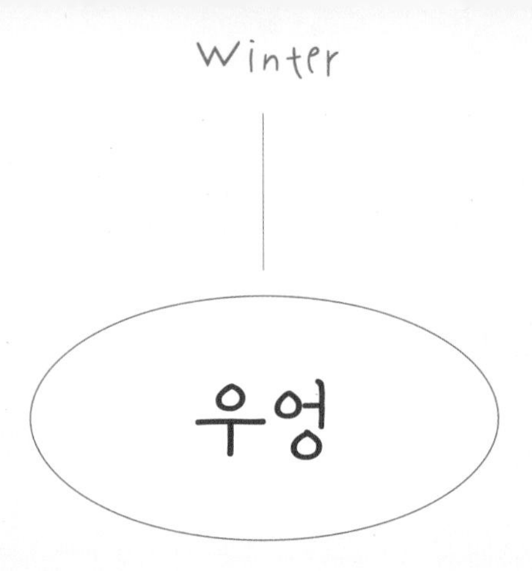

Winter

# 우엉

1~3월이 제철인 우엉은 영양 좋은 뿌리채소예요. 주로 조림을 많이 해 먹는데 익으면 특유의 쫄깃한 식감이 매력적이지요.
우엉은 껍질에 좋은 성분이 많아서 칼등으로 살살 긁어내며 최대한 얇게 제거하는 것이 좋아요. 필러를 사용할 경우에는 최대한 힘을 빼고 살살 밀어주세요.
우엉은 껍질을 벗겨내면 까맣게 되는데 이는 떫은맛을 내는 리그닌 성분 때문이에요. 흔히 떫은 맛을 제거하기 위해 우엉을 식초 물에 담그는데, 리그닌은 중금속을 해독하고 암을 예방하는 효과가 있기 때문에 너무 오래 담가두지 않는 것이 건강에 더 도움이 됩니다.

# 닭날개 우엉 강정

닭고기와 함께 달콤하게 조린 우엉은 닭이 익으면서 나오는 지방으로 더 고소하고 부드러운 맛을 내요. 간장 양념과 잘 어울리는 두 식재료를 함께 조리하여 다양한 영양을 챙길 수 있지요. 닭고기와 우엉 모두 우열을 가릴 수 없이 아이들에게 인기가 좋아요.

재료

| 4인 가족 분량 | 양념 |
| --- | --- |
| 우엉 100g | 간장 1.5T |
| 닭 윙(또는 봉) 20개 | 원당 1T |
| 전분 가루 적당량 | 맛술 1T |
| 식용유 약간 | 물 2T |

1 우엉은 껍질을 벗겨내고 어슷 썬다.

2 닭고기(윙또는 봉)를 흐르는 물에 깨끗이 씻어 체에 밭쳐 둔다.

3 우엉과 닭고기에 전분 가루를 골고루 묻힌다.

4 닭고기, 우엉에 묻힌 전분 가루가 촉촉해지면, 팬에 식용유를 약간 두르고 우엉과 닭고기를 넣어 중간 불로 노르스름하게 구워 접시에 꺼내 놓는다.

5 우엉과 닭고기를 구운 팬에 그대로 [양념]을 넣고 바글바글 끓어오르면 구워 놓은 4를 넣어 양념이 졸아들 때까지 조린다.

# 우엉 쏨땀

쏨땀은 새콤달콤한 태국의 샐러드예요. 우리나라 김치처럼 개운한 맛이 나서 볶음밥, 면, 튀김 요리 등과 잘 어울려요. 쏨땀의 주재료는 그린 파파야인데 우리나라에는 흔치 않은 식재료지요. 대신 비교적 쉽게 구할 수 있는 우엉은 살짝 데쳐내면 아삭하면서 고들고들한 파파야의 식감과 비슷해서 한국식 쏨땀을 만들어 볼 수 있답니다.

재료

4인 가족 분량
우엉 100g
새우 6~7마리
당근 30g
방울토마토 5개
라임 1개
땅콩 한 줌 30g
고수 적당량(생략 가능)

소스
액젓 0.5T
원당 1.5T
식초 0.5T

1 우엉의 껍질을 긁어내고 채칼로 썬 뒤, 끓는 물에 2분 정도 데쳐 체에 밭쳐 둔다.

2 새우는 머리와 껍질을 제거하고(173쪽 새우 손질 'c' 참고) 끓는 물에 1분 정도 데친다.

3 당근은 채칼로 썰고, 방울토마토는 반으로 썰고, 라임 반 개는 부채꼴로 썬다.

4 [소스]에 남은 라임 반 개의 즙을 짜서 섞는다.

5 볼에 우엉과 새우, 3, 4를 넣어 버무린다.

6 그릇에 담고 기호에 따라 땅콩과 고수를 올린다.

- 우엉 삶은 물에는 좋은 영양분이 녹아 있어서 국이나 찌개 국물로 활용하면 좋아요.
- 샐러드에 들어가는 새우는 등쪽에 칼집을 넣어주면 양념도 잘 배어들고 모양도 예뻐요.

# 우엉 양송이 수프

구수한 맛의 우엉에 양송이가 더해져 부드럽고 영양가 좋은 수프예요. 우유나 생크림 대신 두부를 넣어 든든해요. 기호에 따라 파마산 치즈, 크루통, 파슬리 가루 등을 올려 드세요.

재료

4인 가족 분량
우엉 200g
양송이버섯 6개
두부 180g
육수 800ml
올리브유 약간
소금 약간
후추 약간

가니쉬
우엉 튀김
양송이 구이
쪽파

1 우엉을 칼등으로 살살 긁어 껍질을 제거한다.

2 우엉은 어슷하게 썰고, 양송이버섯은 편으로 썬다.

3 냄비에 올리브유를 약간 두르고 우엉을 약한 불로 충분히 볶는다. 물을 조금씩 추가해가면서 볶으면 더 부드럽다.

4 우엉이 부드럽게 볶아지면 양송이버섯을 넣어 조금 더 볶는다.

5 믹서에 4와 두부, 육수를 넣어 곱게 갈아준다.

6 5를 다시 냄비에 붓고 소금, 후추로 간한 뒤 10분 정도 약한 불로 끓인다.

7 그릇에 담고 가니쉬*를 올린다.

* 가니쉬 : 우엉을 얇게 썰어 식용유를 두른 팬에 튀기듯 굽다가 에어프라이어에서 노릇해질 때까지 구워 우엉 튀김을 만든다. 양송이버섯은 얇게 썰어 팬 또는 에어프라이어에 살짝 굽는다.

# 우엉 잡채

우엉을 볶을 때 고기와 여러 가지 채소를 함께 넣으면 색감이 다채로워질 뿐 아니라 영양가도 좋아져요. 우엉은 돼지고기와 궁합이 좋답니다. 우엉의 알칼리 성분이 돼지고기의 산 성분을 중화하고, 고기 누린내도 제거해 줘요.

재료

4인 가족 분량
- 우엉 100g
- 돼지고기 안심(또는 등심) 100g
- 파프리카 50g
- 식용유 약간
- 참기름 약간
- 통깨 약간

양념
- 간장 1T
- 원당 0.5T
- 조청 0.5T
- 다진 마늘 1t

1 껍질을 벗긴 우엉과 돼지고기, 파프리카를 채 썬다.

2 팬에 식용유를 약간 두르고, 채 썬 우엉과 원당을 넣고 중간 불로 볶는다.

3 물기가 나오면 약한 불로 줄이고 간장 0.5T를 넣어 국물이 졸아들 때까지 우엉을 볶고 그릇에 꺼내 놓는다.

4 팬에 다시 식용유를 약간 두르고, 다진 마늘을 넣어 노르스름하게 볶다가 돼지고기를 넣어 볶는다.

5 돼지고기가 익으면 채 썬 파프리카와 볶아 놓은 우엉, 간장 0.5T, 조청을 넣어 국물이 졸아들 때까지 바짝 조린다.

6 불을 끄고 참기름을 두르고 통깨를 뿌려 섞는다.

- 우엉이 질긴 편이면 3의 과정에서 물을 넣어 조금 더 볶아주세요.
- 볶음 요리 시 마지막에 조청을 둘러주면 윤기가 나서 더 먹음직스러워요.

Winter

# 봄동

봄동은 추운 겨울을 이겨내며 해풍을 맞고 자라 아삭하고 단단하며 씹을수록 고소해요. 봄동은 봄을 알리는 채소로 알려졌지만 그보다 조금 이른 1~2월에 가장 많이 볼 수 있어요. 엽산이 풍부하고 비타민 C와 항산화 성분인 베타카로틴이 많이 들어 있어 육류나 식물성 단백질인 콩류와 함께 섭취하면 좋아요.

# 봄동말이 & 봄동 된장찌개

봄동은 배추보다 단단하고 씹는 맛이 좋아요. 보통 노란 속잎은 쌈을 먹거나 겉절이를 해 먹고, 국을 끓이거나 삶아서 무치면 부드러워서 아이들도 잘 먹지요. 찌개에 겨울이 제철인 홍합 살을 넣어 시원하게 끓여 보세요. 봄동말이는 대표적인 손님 초대 요리인 무쌈말이에 삶은 봄동을 함께 사용해 예쁜 색감과 건강함까지 더한 사랑스러운 메뉴죠.

# { 봄동말이 }

재료

4인 가족 분량
봄동 15장
훈제 오리 200g
파프리카 100g
무순 30g
쌈무 15장

1 봄동은 끓는 물에 줄기 쪽부터 먼저 넣어 10초 정도 데친 후 잎까지 모두 넣어 1분 정도 더 데쳐서 체에 밭쳐 둔다.

2 파프리카는 채 썰고 무순은 깨끗이 씻는다.

3 훈제 오리를 끓는 물에 30초 정도 데친 후 체에 밭쳐 물기를 제거한다(기름기, 첨가물 제거).

4 삶은 봄동은 손으로 한 번 더 짜서 물기를 제거한다.

5 봄동을 바닥에 깔고 쌈무, 훈제 오리, 파프리카, 무순을 순서대로 올리고 돌돌 말아준다.

6 먹기 좋은 크기로 썰어 그릇에 담는다.

- 채소는 당근, 오이, 양파 등 다양하게 활용해 보세요.
- 훈제 오리 대신 불고기, 양지, 차돌 등 얇은 고기류를 구워서 넣어도 좋아요.

# { 봄동 된장찌개 }

재료

4인 가족 분량
봄동 150g
홍합 살 150g
대파 20g
육수 600ml
된장 1T
다진 마늘 0.5t

1 봄동을 깨끗이 씻어 적당한 크기로 썰고, 대파는 잘게 썬다.

2 홍합 살은 붙어 있는 껍데기가 없는지 확인하며 씻는다(241쪽 굴 손질 방법 참고).

3 냄비에 육수를 붓고 끓어오르면 된장을 풀고 봄동을 넣는다.

4 봄동이 어느 정도 부드러워지면 홍합 살, 잘게 썬 대파, 다진 마늘을 넣어 5분 정도 더 끓인다.

- 홍합 살 대신 새우 살, 바지락 살, 굴을 넣어도 좋아요.

# 봄동 차돌박이 볶음우동

봄동 듬뿍 넣어 '단짠'으로 볶은 볶음우동은 아이들과 함께 먹기 좋은 면 요리예요. 파릇한 봄동의 색감은 식욕을 돋우고, 볶은 봄동의 쫄깃한 식감과 단맛은 정말 매력적이죠. 고기는 차돌박이 대신 우삼겹, 샤브샤브용이나 불고깃감 등 얇게 썰린 고기라면 뭐든 대체 가능해요.

재료

4인 가족 분량

- 우동면 3인분(600~700g)
- 봄동 150g
- 차돌박이 300g
- 통마늘 40g
- 홍고추 1개(생략 가능)
- 통깨 약간

양념

- 간장 2T
- 맛술 1T
- 원당 1.5T
- 생강 가루 약간

1 봄동을 깨끗이 씻어 적당한 크기로 썬다.

2 통마늘은 편으로 썰고 홍고추는 어슷하게 썬다.

3 우동면은 끓는 물에 삶아 체에 밭쳐 둔다.

4 팬에 편으로 썬 마늘과 차돌박이를 넣어 볶는다.

5 마늘이 노릇해지고 차돌박이가 익으면 봄동과 우동면, [양념], 홍고추를 더해 볶는다.

6 그릇에 담아 통깨를 뿌린다.

- 차돌박이는 기름이 많아 따로 기름을 넣지 않고 마늘을 넣어 볶지만, 불고깃감이나 샤브샤브용 소고기를 사용할 경우에는 팬에 식용유를 살짝 두른 후 마늘과 함께 넣어 볶아줘요.

Winter

# 딸기

딸기는 노지에서 자라는 봄이 제철이지만 겨울에 하우스에서 자라는 딸기가 당 함량이 높아 더 맛있어요. 아이들이 겨울딸기를 좋아하는 이유죠. 우리나라의 딸기는 설향, 금실, 죽향, 매향 등 품종이 아주 다양해서 각각의 다른 맛과 향을 즐길 수 있어요. 과즙이 많고 단맛이 좋아 해외에서도 인기가 아주 좋답니다.

# 딸기 콤포트

생으로 먹는 딸기도 좋지만 가격대가 낮아지고 당도가 좋은 2~3월에는 콤포트나 잼을 만들어도 좋아요. 딸기 콤포트는 딸기잼보다 딸기의 모양과 식감을 좀 더 살린 형태예요. 활용 범위도 넓어서 만들어 두면 아주 유용해요. 빵이나 팬케이크, 와플 등에 올려 먹을 수도 있고 요거트, 오트밀과도 잘 어울려요. 딸기 라떼나 에이드를 만들어도 좋고요. 단, 설탕이 많이 들어가지 않기 때문에 저장성이 떨어져요. 2주 정도 안에 소진할 수 있는 양은 냉장실에 넣고 나머지는 냉동 보관하세요.

**재료**
- 딸기 1kg
- 원당 100g
- 식초(또는 레몬즙) 10g

1. 딸기는 깨끗이 씻어 꼭지를 딴다.
2. 냄비에 딸기와 원당, 식초를 넣고 20분 정도 중간 불로 끓인다(수분이 많이 나오기 때문에 계속 저어주지 않아도 된다).
3. 조금씩 눌어붙기 시작하면 불을 약하게 줄이고 10분 정도 저어주며 졸인다.

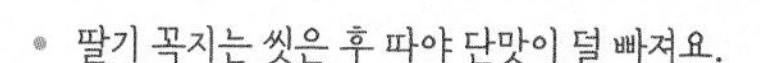

- 딸기 꼭지는 씻은 후 따야 단맛이 덜 빠져요.
- 식초는 발효식초를 사용하면 그 자체가 천연 보존료 역할을 하기 때문에 저장 기간을 조금 늘릴 수 있어요.
- 철마다 다양한 과일로 콤포트를 만들어 보세요.

# 딸기 크레페

크레페는 얇은 밀가루 반죽에 잼, 시럽, 과일 등을 곁들여 먹는 프랑스의 전통 디저트예요. 팬케이크와 맛은 비슷한데 우리나라의 메밀전병처럼 두께가 얇아서 부담 없이 먹기 좋아요.

**재료**

4인 가족 분량
- 딸기 콤포트 적당량
- 크레페 페이퍼 6장
- 식용유 또는 버터 약간(굽는 용)

크레페 페이퍼 재료
- 밀가루 120g
- 우유 300ml
- 달걀 2개
- 식용유 1T
- 원당 1T
- 소금 약간
- 바닐라 익스트랙 1~2방울(생략 가능)

1 믹서기에 [크레페 페이퍼 재료]를 모두 넣고 간다(또는 볼에 넣어 잘 섞는다).

2 팬에 식용유 또는 버터를 약간 두르고 예열한 후 키친타월로 살짝 닦아낸다.

3 1의 반죽을 약한 불로 얇게 부친다.

4 부쳐낸 크레페 페이퍼에 딸기 콤포트를 곁들인다.

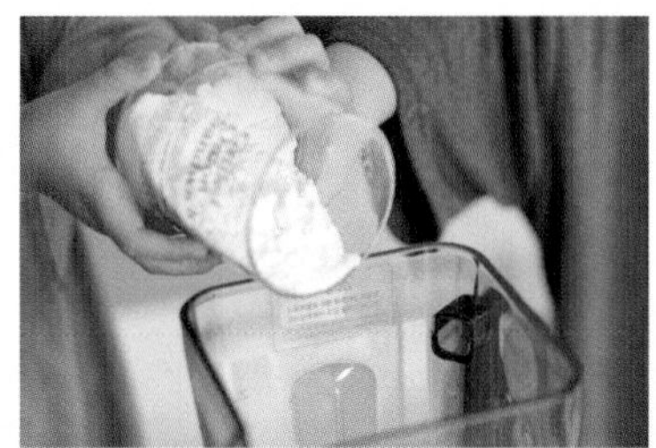

# 딸기 판나코타

딸기를 이용한 디저트는 정말 다양한데 그중 딸기 판나코타는 탱글탱글한 젤리의 식감 때문에 아이들이 정말 좋아하는 간식이에요. 우유와 딸기 콤포트를 이용해 달지 않게 만들었어요. 만드는 과정도 간단하고 우유가 냉장고에서 굳어서 젤리가 되어 나오는 과정이 재미있어 아이들과 함께 요리하면 한결 더 즐거운 시간이 될 거예요.

재료 | 4인 가족 분량
우유 500ml
원당 40g
바닐라 빈 한 줄기
젤라틴 가루 10g
딸기 콤포트 약간

1 냄비에 우유와 원당을 넣어 잘 섞는다.

2 바닐라 빈은 납작하게 누른 후 반으로 갈라 씨를 긁어낸다.

3 긁어낸 바닐라 빈 씨와 껍질을 1의 냄비에 넣고 1분 정도 약한 불로 따뜻하게 데워준다.

4 바닐라 빈 껍질을 냄비에서 꺼내고 젤라틴 가루를 넣어 잘 섞어준다.

5 그릇이나 컵에 4를 적당량 붓는다.

6 냉장실에서 3시간 이상 굳힌다.

7 냉장고에서 꺼내 딸기 콤포트를 올린다.

- 우유와 생크림을 5:5 비율로 해서 만들면 좀 더 부드럽고 진해요.
- 바닐라 빈 대신 바닐라 익스트랙 2~3방울을 넣어도 돼요.

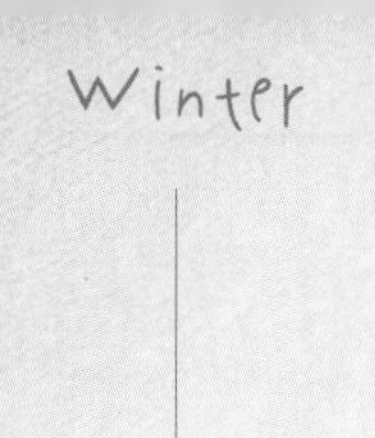


# 한라봉

한라산의 한라봉을 닮아 이름 붙여진 제주의 특산물 한라봉은 겨울에만 맛볼 수 있는 과일이에요. 비타민 C가 풍부해서 피로 회복 및 겨울철 감기 예방에 도움을 줘요. 한라봉은 천혜향, 레드향 등 다른 만감류보다 향이 강하고 새콤한 맛이 더 있는 편이에요. 과일 그대로 먹어도 맛있지만 샐러드나 소스로 만들었을 때 향이 살아 있어서 좋아요.
한라봉은 껍질이 얇고 묵직할수록 수분이 많고 당도가 높아요. 껍질이 두껍고 과육에 들떠 있는 경우 푸석하고 신맛이 많이 날 수 있으니 피하는 것이 좋아요.

# 한라봉 엔다이브 샐러드

엔다이브를 활용한 샐러드는 연말이나 특별한 날 에피타이저로 제격이지요. 아삭하고 쌉싸름한 엔다이브와 한라봉의 새콤달콤한 맛이 아주 잘 어우러져 식욕을 돋워준답니다. 또 어른들의 와인 안주로도 아주 좋아요. 과정은 간단하지만 맛도 비주얼도 좋아 식탁을 예쁘게 만들어줘요.

재료

원하는 만큼 적당히
- 엔다이브
- 한라봉
- 크림치즈
- 견과류
- 샐러드용 슈레드 체다치즈
- 꿀 또는 메이플 시럽

1. 한라봉은 껍질을 벗기고 먹기 좋게 썬다.
2. 엔다이브는 접시에 한 장씩 펼쳐 놓는다.
3. 엔다이브 위에 썰어 둔 한라봉과 나머지 재료들을 적당히 올린다.

- 치즈는 리코타, 페타, 부라타, 생 모짜렐라 등 다양한 샐러드용 치즈를 활용할 수 있어요.

# 닭다리살 스테이크 with 한라봉 소스

한라봉은 과즙이 풍부하고 껍질에는 쌉싸름한 맛이 있어 소스를 만들면 메인 요리의 맛을 한층 업그레이드 해줍니다. 한라봉의 상큼함은 육류의 느끼한 맛을 잡아주고, 비타민 C는 육류 속 철분의 체내 흡수를 도와주지요.

재료

4인 가족 분량
닭다리살(또는 닭안심, 닭가슴살) 400g
식용유 약간

소스
한라봉 3개
육수 200ml(또는 치킨스톡 1/2조각 + 물 200ml)
버터 25g
원당 1.5T

1 한라봉 2개의 겉면을 강판에 갈아 제스트를 만든다.

2 껍질을 갈고 난 한라봉은 즙을 짠다.

3 나머지 한라봉 1개는 껍질을 벗겨 적당한 크기로 썬다.

4 팬에 버터를 약한 불로 녹인다.

5 4에 1과 2, 육수, 원당을 넣고 3분 정도 끓인다.

6 5에 3을 넣어 흐트러지지 않게 그대로 1분 정도 약한 불로 더 끓여 소스를 완성한다.

7 팬에 식용유를 약간 두르고 닭다리살을 중간 불로 노르스름하게 굽는다.

8 접시에 구운 닭다리살을 담고 6의 소스를 올린다.

• 한라봉 대신 천혜향, 레드향, 황금향 또는 조금 더 친숙한 귤이나 오렌지를 활용해도 좋아요.

# 편집 후기

육아 동지로 온라인 교류만 해오던 '재태맘'과 무언가 일을 벌여보고 싶다는 생각이 든 것은, 그녀가 파프리카를 주원료로 한 '안 매운 고추장'을 개발하고 완성해가는 과정을 지켜보면서였어요. 매운 것을 아직 못 먹는 아이들 반찬이 간장 맛으로 획일화되는 것이 안타까워 안 매운 고추장을 직접 만들어 보기로 했다는 동기와 추진력에 감탄했습니다. 요리에 상당한 내공이 있다는 것은 알고 있었지만, 수많은 시행착오를 통해 전통장 제조 방식을 차용하면서도 누구나 두루 즐기기 좋은 맛으로 다듬어가는 감각과 열정, 그리고 섬세함이 과연 남달라 보였어요. 빛나는 재능이 식품 개발에만 활용되기에는 아깝다는 생각이 들었습니다. 저는 책을 만드는 사람이기에 그 생각은 '이 사람의 요리를 책으로 엮어야겠다'는 다짐으로 곧바로 이어졌지요.

<아이주도 이유식 유아식 매뉴얼>(아 퍼블리싱 출판사, 2019년 초판 출간, 2021년 개정판 출간)과 <유아식 레시피북>(경향BP 출판사, 2021년 출간). 육아를 처음 하는 부모들을 위한 두 권의 요리책을 만들고, 그 책들이 꾸준히 좋은 반응을 얻는 것을 보면서 저에게는 또 하나의 목표가 생겼습니다. 다음 요리책은 실용성뿐 아니라 아름다움까지 갖춘 책으로 만들겠다는 것. 장르를 넘나들며 다채로운 맛과 시각적 쾌감을 경험시켜 주면서도 '건강'을 놓치지 않는 요리책을 만들고 싶었어요. 그런데 마침 이 모든 것을 이미 일상에서 매일 실현하고 있는 사람이 가까이 있었으니, 이보다 더 좋은 협업은 없을 거라는 확신이 들었어요. 상상만으로도 신나는 일이었죠.

코로나19가 시작된 첫해 가을에 이 일을 제안하고부터 김미진 작가가 원고를 마무리하기까지 1년이 훌쩍 넘는 시간이 걸렸습니다. 제철 재료를 다루는 책이기에 계절의 변화를 부지런히 따라가며 자연의 맛과 공기를 담아냈어요. 책의 완성을 앞두고 있는 2022년 봄. 아직도 우리는 바이러스와 끝날 듯 끝나지 않는 지루한 싸움을 계속하고 있습니다. 이렇게 오래갈 줄은 몰랐죠. 그런데 갑갑하고 불안한 시간 속에서 만들어진 이 책을 한 장 한 장 들춰보면 어쩜 그리도 평화롭고 온기가 가득한지요. 우리를 2년 넘게 옥죄고 있는 코로나19 따위는 가볍게 잊게 합니다.

그 계절이 주는 가장 맛있는 재료로 정성스레 차린 건강한 한 끼. 코로나 시대에 살든 그렇지 않든, 이것만큼 위로와 힘이 되는 것이 또 있을까요. 원고를 다듬어 책으로 만들어나가는 동안, 사계절의 음식을 눈과 마음으로 즐기는 행복을 맘껏 누렸습니다. 이런 사치스러운 시간을 선물해 준 김미진 작가에게 감사를 전합니다. 제 안에는 이미 봄 새싹의 씩씩한 기운, 여름의 강렬한 햇빛, 가을의 든든한 풍요와 겨울의 시리고도 개운한 공기, 그리고 책을 펼치면 깔깔 쏟아지는 듯한 재이와 태이의 웃음소리가 가득해서 어서 독자분들께 이 에너지를 나눠드리고 싶습니다. 지친 우리 모두에게 따뜻하고도 시원한, 포근하면서도 싱그러운, 그리고 맛있는! 위로가 되기를 바랍니다.

편집장 안소정

# index 가나다순 메뉴 찾기

# index 재료별 메뉴 찾기

특정 식재료가 주요 재료로 쓰이는 메뉴를 모았습니다.
집에 있는 재료로 무슨 요리를 할까 고민될 때 참고해 보세요.

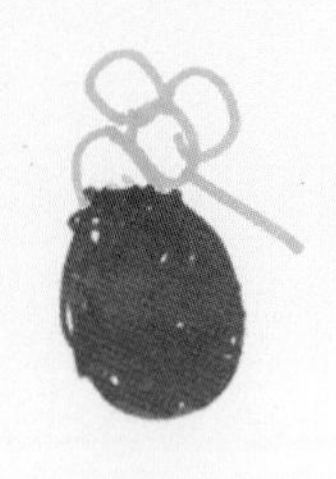

제철 재료로 그려내는 건강한 맛과 행복한 기억

# 이 계절, 우리의 식탁

**지은이** 김미진
**펴낸 날** 2022년 4월 5일 초판 1쇄
2022년 10월 15일 초판 2쇄
**펴낸이** 안소정
**디자인** 안소정
**교열** 윤지현
**펴낸곳** 아 퍼블리싱


a_publishing@naver.com
FAX 0303-3441-0902


**ISBN** 979-11-976233-1-8
**값** 19,800원

그림 : 재이 & 태이